U0673314

石油和化工行业"十四五"规划教材

现代环境仪器分析和应用

翟洪艳　李茹莹　赵迎新　主编

化学工业出版社

·北京·

内容简介

《现代环境仪器分析和应用》全书分为两篇，共十六章。第一篇现代环境仪器分析技术，包括十章，主要介绍现代环境污染特征和对仪器分析能力的要求、领域热点及其对仪器分析的需求，环境样品前处理技术，色谱分析及其应用，质谱分析理论及其色谱联用技术，光谱分析技术与应用，表面分析方法，电化学分析法及其应用，分子生物学技术及其应用，环境自动监测技术，突发环境事件应急监测技术。第二篇现代环境仪器分析技术的应用，包括六章，综合介绍了目前环境领域经典研究对象和仪器分析技术的应用，包括消毒副产物研究、微塑料的分析检测、高级氧化反应机制研究、吸附/催化材料性质分析研究、废水生物处理研究、沉积物/土壤微生物燃料电池研究。

本书可作为资源环境科学、环境工程、环境科学、化学、化学工程与工艺、海洋科学等相关专业的本科生和研究生教材，也可供对环境研究感兴趣的广大读者阅读参考。

图书在版编目（CIP）数据

现代环境仪器分析和应用 / 翟洪艳，李茹莹，赵迎新主编. -- 北京：化学工业出版社，2025. 2. --（国家级一流本科专业建设成果教材）（石油和化工行业"十四五"规划教材）. -- ISBN 978-7-122-46991-5

Ⅰ. X830.2

中国国家版本馆 CIP 数据核字第 2025NU1996 号

责任编辑：郭宇婧　　　　　　　装帧设计：张　辉
责任校对：刘曦阳

出版发行：化学工业出版社
　　　　　（北京市东城区青年湖南街 13 号　邮政编码 100011）
印　　装：北京云浩印刷有限责任公司
787mm×1092mm　1/16　印张 9¾　字数 232 千字
2025 年 3 月北京第 1 版第 1 次印刷

购书咨询：010-64518888　　　　　售后服务：010-64518899
网　　址：http://www.cip.com.cn
凡购买本书，如有缺损质量问题，本社销售中心负责调换。

定　　价：36.00 元

编写人员名单

主　编：翟洪艳　李茹莹　赵迎新

副主编：王如梦　赵金娟

参　编：陈　婷　崔文杰　高卉鑫　李　振　李晨曦
　　　　李欣宇　刘一诺　罗嘉铖　罗文璟　孙世佳
　　　　万慧林　殷熙睿　张良玉

前　言

　　生态环境是人类赖以生存和发展的基础，现代环境科学与工程学科研究领域高度交叉，研究角度丰富多样，研究技术出现高度的专业化、分工化的特点，因此对现代仪器分析技术的依赖和要求都越来越高。随着科技的进步，高灵敏度、高准确率、高分析效率的仪器分析已经成为监测环境污染物的重要手段。时代在飞快发展，科技日新月异，现代仪器分析技术也在不断更新，各类技术的应用范围不断扩大，因而需要培养掌握最新技术、具备推动技术发展能力的新时代环境工作者。正因为如此，很多高校都将现代仪器分析课程作为环境学科教学的核心课程，为此我们组织编写了本教材。

　　本书是天津大学环境工程一流专业学科建设成果教材。本教材紧密联系环境科学与工程领域研究内容多样化的特征，根据实际需求重新构架梳理内容，重在实用性；以研究案例为重点，侧重数据的解析和应用方法，培养学生分析问题和解决问题的能力；通过案例展示了我国目前处于前沿的科学研究，有利于增强学生的科研自信，提升科研兴趣。

　　本教材适用于资源环境科学、环境工程、环境科学、化学、化学工程与工艺、海洋科学等相关专业的本科生和研究生，以及对环境研究感兴趣的广大读者。

　　本书由翟洪艳、李茹莹、赵迎新任主编，王如梦、赵金娟任副主编。具体分工如下：第一、二、三、四、九、十、十一章，由翟洪艳、陈婷、崔文杰、李欣宇、罗文璟、张良玉、殷熙睿编写，翟洪艳负责审查、整理和修改；第五、六、十四、十五章，由赵迎新、刘一诺、李晨曦、万慧林编写，赵迎新负责审查、整理和修改；第七、八、十六章，由李茹莹、李振、孙世佳、高卉鑫编写，李茹莹负责审查、整理和修改；第十二、十三章，由王如梦负责编写、整理和修改。翟洪艳、赵金娟、王如梦负责全书的审查、整理，罗嘉铖负责数字资源材料整理和编辑。

　　本书参考了国内外环境监测与仪器分析及相关领域的众多资料及科研成果，在此向有关作者致以诚挚的谢意。

　　本书获得天津大学"研究生创新人才培养"项目资助。

　　由于编者水平有限，书中难免有不足之处，欢迎读者批评指正，特表谢意。

编者

2024 年 11 月于北洋园

目　录

第一篇
现代环境仪器分析技术

第一章　导　论

环境仪器分析在环境科学与工程专业领域起着非常重要的作用。环境化学、环境物理学、环境地质学、环境工程学、环境医学、环境管理学、环境经济学以及环境法学等所有环境科学的分支学科，都需要在了解和评价环境参数、质量及其变化趋势的基础上，才能进行各项研究和制订有关管理和经济的法规、治理技术的实施方案等。环境仪器分析贯穿于环境科学和管理的各个分支，准确、及时、全面地反映环境质量现状及发展趋势，为环境学科的研究和管理提供科学依据。

随着现代科学技术的发展，各学科的理论和技术相互促进、相互结合，仪器分析技术快速发展，成为环境科学与工程领域研究和实践的重要技术手段。现代水环境、大气环境、固体废物和土壤环境等基体复杂的环境体系中微量污染物（有机污染物、无机污染物等）的监测分析较大程度上依赖相适用的仪器分析。进行污染控制的功能材料的开发和机理分析同样离不开精密仪器的辅助。甚至环境微生物（包括自然界和反应器中的微生物）的组成、鉴定、活性等信息都已经进入了现代生物信息学时代，需要以大型测序分析仪器为载体。现代环境仪器分析向着更灵敏、更快速、更准确、更简便和自动化的方向继续发展。

1.1　现代环境污染特征和对仪器分析能力的要求

世界各国的经济发展历程不同，人们关注的环境污染的种类和浓度也随之发生着变化。现代主要发达国家和我国等一些发展中国家的环境污染物关注对象也从相对高浓度水平的大气、水污染源排放扩展到各种环境介质中微量的新污染物污染方面。因而现代环境污染特征包括：

来源、种类繁多。随着工业化的高速精细化发展，大量人造化合物生产和广泛排放，其中很多带来了难以预测的环境影响。因此目前的环境污染物不仅种类多、来源广，还存在于很多的环境介质中。自然的水气固生态圈、人工构筑物（例如污水处理厂、垃圾填埋场、室内空气）中都存在各种各样的新污染物。

含量低。除了个别泄漏事故，很多新污染物在各种环境介质中的浓度非常低，属于痕量和超痕量的水平，例如水中内分泌干扰物、药物等的浓度在 ng/L 至 μg/L 的水平。

环境样品组成复杂。环境样品往往同时含有数十种甚至上百种化合物，成分复杂，性质各异。而且水、气、固中的污染物赋存状态、共存杂质组成各异，因此使环境样品的分析更加困难。

具有不稳定性和变异性。环境是一个多组分和多变的开放体系。各种污染物质进入环境后可能因相互作用或外界影响而经历溶解、吸附、沉淀、氧化、还原、光解、水解、生物降解等变化，因此环境样品变化大、不稳定，所采集的样品是环境中的一部分，是动态平衡的一部分，它随气温、风向、气压的变化而变化。

因此，作为分析工具的仪器分析需要具备以下四个特点：

① 灵敏度高、检出限低。能满足痕量和超痕量分析的要求。

② 选择性好。可用于复杂样品的测量，可在大量共存杂质或干扰物存在的情况下测量痕量待测物。

③ 适用范围广。适用于不同来源环境样品和不同种类化学物质的测量。

④ 自动化、信息化程度高。自动化包括样品采集、分析、数据处理等方面的自动化。自动化、信息化的提高将有效提高分析效率，降低人工误差。

1.2 现代环境科学与工程领域热点及其对仪器分析的需求

1.2.1 新污染物及其分析仪器

近几十年来，人工合成化合物的使用或生产正在以空前的速度增长，据估计，全球化工产值在 2017 年已经超过了 5 万亿美元，并且预计在 2030 年翻倍。这些化合物在生成、运输、使用中不可避免造成了向环境中的泄漏，因而造成了广泛的、各种各样的环境污染问题。目前，新近发现或被关注，对生态环境或人体健康存在风险，尚未纳入管理或者现有管理措施不足以有效防控其风险的污染物，被称为新污染物，国际上常见的表述为 emerging contaminants、contaminants of emerging concern 或 emerging pollutants。新污染物来源广泛，工业生产、日常生活以及农业活动都使用着大量、种类繁多的化学物质。全球已发现的新污染物超过 20 大类，每一类又包含数十种甚至上百种化合物，并且随着对新污染物认识的不断深入以及环境监测技术的不断发展，可被识别出的新污染物种类不断增多。目前，国际上主要关注的新污染物包括环境内分泌干扰物、全氟化合物等持久性有机污染物、抗生素、微塑料等 4 大类。

很多新污染物对人体健康和生态系统的危害逐渐显现，因此日益受到广泛关注。随着我国经济和技术的发展，近年来国家和各级地方政府逐渐重视新污染物的管理和控制。2020年底《中共中央关于制定国民经济和社会发展第十四个五年规划和二〇三五年远景目标的建议》中明确提出"重视新污染物治理"。2021 年印发的《中共中央 国务院关于深入打好污染防治攻坚战的意见》中明确了到 2025 年新污染物治理能力明显增强的主要目标。2022年，国务院办公厅印发了《新污染物治理行动方案》，凸显了新污染物治理的重要性和紧迫性。

新污染物的检测和监测非常依赖污染物前处理过程和稳定、精密、灵敏的仪器分析，因此针对不同液相、气相、固相中不同微量污染物的分离、浓缩富集的技术，尤其是能实现自动化的技术需求越来越大。针对微量新污染物的仪器，例如液相色谱仪、气相色谱仪、色谱-质谱联用仪、质谱-光谱联用仪、高分辨率质谱仪、高分辨光谱仪的应用越来越广泛。这些仪器也为新污染物的研究开拓了更广阔的前景。

1.2.2 环境治理中功能材料的开发及其分析仪器

对于环境污染的控制，源头控制是根本，但是很多污染类型目前难以实现百分之百的源头控制，存在各种环境污染的现实问题，因此有效、环境友好、低碳的治理技术是必不可少的。针对各种纷繁复杂的污染物和污染行为，各种污染治理技术，如物理、化学、生物及其联合技术等，层出不穷。这些技术中很多功能材料起着重要的作用，包括吸附分离中使用的吸附剂、物理过滤中的膜材料、高级氧化中的催化剂、生物技术中的载体等。例如人们熟知的微纳米材料，由于具有较大的比表面积、较好的热稳定性、较高的导电性或催化活性、可设计的反应位点和结构等特点，在环境领域被广泛研究和应用。纳米材料种类繁多，功能各异，包括无机、有机或无机有机杂化的纳米材料，金属、非金属或混合的，平面的或三维的。纳米级的生物炭、碳纳米管、石墨烯、MOFs 材料等都是热门的功能材料。

更高效、更低碳的功能材料的开发和应用推动了水、气、固各种污染物的治理。除了性能上的追求，功能材料对污染物的去除机制、去除机理同样是环境科学和工程领域专家学者关心的问题。关于这些问题的研究，可以揭示污染降解途径及其可能的次生环境风险，捕捉现有材料存在缺陷的原因，从而有的放矢地改进，因此是环境科学与工程领域研究的热点。

新材料的开发和认识离不开表征仪器的使用，各种光谱分析（紫外可见光谱、红外光谱、拉曼光谱、核磁共振波谱）、能谱分析（X 射线光电子能谱）、表面形貌分析（扫描电子显微镜技术）为定性定量描述各种功能材料的结构、元素组成，推测反应机理等提供了重要的证据。

1.2.3　现代分子生物学技术的应用及其分析仪器

种类繁多的微生物，依靠其多样而灵活的代谢方式在其与无机世界和较高等生物之间的相互作用中不断进化，在生态系统中发挥着不可替代的作用，参与生物群落及其在自然环境中的自我调控。微生物不仅是自然界降解有机污染物质、影响无机污染物归趋的主力军，同样是环境工程领域各种人工生态环境中的主角，参与了各种无机、有机物质的代谢循环和归趋。污水处理中的活性污泥法和生物膜法实现了水中碳、氮、磷的转移去除，有机质（生物质或剩余污泥）的厌氧发酵实现了有机废物的循环利用和能源再生，土壤中的原始或强化微生物实现了土壤中污染物的去除、固化或转移，生物滤塔能够降解气体有机污染物。这些系统中微生物的种类、生态群落的组成和变化直接影响着人工生态系统中设定目标（污染物去除）的实现。人们通过现代基因工程改造的功能微生物更是在发酵、制药等行业发挥着巨大作用。同时微生物和人类社会的健康风险关系密切，例如饮用水管网中的生物膜影响到了饮用水的生物安全和管道腐蚀，气溶胶里的致病菌和病毒导致了疾病的气态传播，抗生素抗性菌、消毒剂抗性菌、抗性基因等的出现和传播会对人类健康造成较大的威胁。

现代分子生物学技术，包括环境组学、微量分析技术、生物标记和同位素示踪、荧光原位杂交技术、基因芯片、qPCR 技术及高通量测序技术等，为人们认识环境微生物提供了比培养法更有力的支持，新的微生物谱系及其新颖的代谢方式不断被发现和阐明。例如氨氧化古菌的发现打破了以氨氧化细菌和亚硝酸盐氧化菌为基础的氮循环的中心环节和对硝化过程限速步骤的认知；而厌氧氨氧化菌的发现让人们第一次认识到反硝化菌并不是唯一的产氮生物类群，这一认识改写了全球氮循环模型。这些现代分子生物学技术在分析微生物多样性、判别微生物种类、降解有机污染物等方面发挥着重要作用。

现代分子生物学研究的有效开展非常依赖现代仪器设备，如酶标仪、杂交仪、电泳仪、核酸扩增仪、流式细胞仪、高通量测序仪等设备。

1.2.4　大数据和 AI 时代的互联网＋智慧监测

随着自动化技术、计算机技术的快速发展，环境监测技术逐渐进入了大数据和 AI 技术时代的互联网＋智慧监测阶段。随着各种自动监测仪器、遥感技术的广泛应用，目前自动监测技术向着监测指标全面化、测量方法多样化、应用领域多元化、功能设计智能化方向发展。这些自动监测获得了大量监测数据，大数据技术能快速处理这些数据，可以对这些数据进行采集、清洗、集成、分析和解释，从而在繁杂的海量数据中快速获取有价值的信息。在生态环境领域，通过大数据技术建立生态环境监测评价网络，能实现对环境质量、重点污染源、生态状况监测的全方面覆盖。通过生态环境大数据平台，可以提高环境综合分析、污染预警与协同监管能力。大数据技术不仅能有效地提升生态环境监测评价结果的精准性，还能在降低工作人员工作压力的同时大幅度提高工作效率，非常有利于推动生态环境保护工作。在未来应持续加强该项技术的研究，保证生态环境监测处于较为安全可靠的状态中，实现对环境的科学监测和保护。

近年人工智能（AI）技术的突破对环境分析和监测产生了较大的影响，人工智能技术结合传感器技术可以构建智能传感器环境监测网络，利用人工智能算法开展深度学习和模式识别，对海量数据进行处理和分析，建立环境参数与污染物浓度之间的关联模型。人工智能技术还可以通过图像识别算法，对环境中的污染源进行检测和识别。人工智能技术的引入可以实现环境监测和保护过程的自动化和智能化，提高监测数据的实时性、准确性和预测性，帮助制定更加精准和有效的环境保护决策，同时降低监测成本。

课后习题

第一章习题

第二章　环境样品前处理技术

环境样品的最大特征就是基质的复杂性，待测的目标物质的含量可能低于已有的分析方法的检出限，或者样品中含有大量干扰物质，使目标物质不能直接应用已有的方法进行测定。这就需要对样品进行前处理，也称为预处理，即将待测目标物质通过分离、富集等转变为可以被现有方法分析的技术。前处理可以降低分析方法的检出限，提高分析结果的精密度和准确度，并可扩大测定技术的应用范围。

2.1　分离富集的评价参数

（1）回收率 R_T

$$R_T = \frac{Q_T}{Q_T^0} \times 100\% \tag{2.1}$$

式中，Q_T^0 为富集前待测物质的量；Q_T 为富集后待测物质的量。

在萃取过程中回收率也称为萃取百分率，用来定量描述萃取的完全程度，一般用百分数表示。

（2）富集倍数 F

$$F = \frac{R_T}{R_M} = \frac{Q_T/Q_T^0}{Q_M/Q_M^0} \tag{2.2}$$

式中，Q_M^0 为富集前基体物质的量；Q_M 为富集后基体物质的量；R_M 为基体物质的回收率；F 为富集倍数，无量纲，F 是待测组分的回收率与基体物质的回收率之比，越大越好。

2.2　分析化学中常见的预处理分离方法

传统的分析化学或仪器分析化学中的预处理通常指采用合适的样品分解或溶解方法，使待测组分转变为可测定的形式或形态。例如对于固体样品可以采用水溶解、酸或碱溶液（稀溶液、浓溶液、热浓溶液、混合溶液）溶解、熔融等方式预处理。对于有机和生物物质，如果分析的是元素，可以通过干法灰化、湿法灰化和微波溶解等方法进行预处理。

（1）沉淀分离法

根据溶度积原理，利用沉淀反应进行分离的方法，包括沉淀法、共沉淀法两种。沉淀法经常在常量组分的分离中采用，例如分析常量范围的 $NaOH$、NH_3、H_2S、丁二酮肟、铜铁试剂。沉淀法有两种用法，一种是使待测组分形成沉淀，从而从基质中分离，然后沉淀经过过滤、洗涤、烘干、称重等一系列过程计算其含量，该过程称为称量分析法；另一种用法是将干扰组分以难溶化合物的形式沉淀出来，达到与待测组分的分离。沉淀分离法适用于分离溶液中常量范围的元素或物质。

（2）蒸馏、挥发分离法

利用气相与液相、固相之间的平衡来达到分离目标的一类技术。蒸馏是对液体物质而言，利用混合物中各组分的挥发性不同，当加热时，挥发性高的组分首先转变为气态蒸气，然后将蒸气冷凝，从而于原样品中分离纯化。一般蒸馏法需要多次重复蒸馏才能收获更纯的组分。挥发分离法与蒸馏法类似，利用物质的挥发性能分离富集痕量组分或使干扰物质挥发去除。例如分析无机碳浓度高的水溶液中有机碳的含量，可以将碳酸盐转变为 CO_2，然后使 CO_2 被曝气出去。

（3）膜分离法

利用选择性渗透膜的工作原理，使被测组分或溶剂从膜的一侧迁移到另外一侧，从而达到分离和富集的作用。例如渗析、正渗透、反渗透、电渗析技术等这些借助固体膜的膜分离技术以及液膜分离技术。

另外，20 世纪 80 年代以来，相继涌现了膜引进质谱、膜-气相色谱/质谱、膜-微捕集/质谱、膜萃取-气相色谱等技术和分析方法，进行挥发性物质的分离和浓缩，而且可以进行半挥发性的或者不挥发性的物质的分离和浓缩。

2.3 水中痕量物质的分离富集方法——萃取分离法

萃取是将待分析的目标物质从一种溶液（一相）转移到另一种不相溶的溶液（另一相）中的方法，包括液液萃取和液固萃取等传统方法，还有比较新的固相萃取、固相微萃取、超临界流体萃取、液膜萃取、微波萃取、加速溶剂萃取等。

萃取的原理是相似相溶的分配定律，即如果溶质在两相中分子状态相同，在一定温度下，溶质在两种互不相溶的溶剂中分配达到平衡时，溶质在两相中的浓度之比为一常数，即分配系数（K_d）。

$$K_d = \frac{C_o}{C_w} \qquad (2.3)$$

式中，K_d 是分配系数；C_o 是有机相中物质的浓度；C_w 是水相中此物质的浓度。

分配定律适用于稀溶液；并且溶质在两相中的化学形态相同，没有任何副反应。在较简单的情况下，K_d 近似等于溶质在两相中的溶解度之比。

待萃取的组分往往在两相中（或者在某一相中）存在副反应，例如在水相中可能发生离解、配位反应，在有机相中可能发生聚合反应等，不满足分配定律的适用条件，因此采用分配比来描述溶质在两相中的分配。对于液液萃取，分配比的定义为溶质在有机相中的各种存在形态的总浓度 $C_{o,总}$ 与在水相中各种存在形态的总浓度 $C_{w,总}$ 之比，用 D 表示。

$$D = \frac{C_{o,总}}{C_{w,总}} \qquad (2.4)$$

实际分析中，经常用萃取百分率来定量描述萃取的完全程度。对于液液萃取，萃取百分率为被萃取物质在有机相中的总量占被萃取物质总量的百分比，用 E 表示。

$$E = \frac{被萃取物质在有机相中总量}{被萃取物质总量} \times 100\% \qquad (2.5)$$

由此可以得到萃取百分率（E）和分配比（D）、萃取体积（V）的关系为：

$$E = \frac{C_{o,总} V_{o,总}}{C_{o,总} V_{o,总} + C_{w,总} V_{w,总}} = \frac{DV_{o总}}{DV_{o总} + V_{w总}} \times 100\% \quad (2.6)$$

通过控制被萃取溶液和萃取剂的体积，可以实现较大的富集倍数，因此对痕量组分的分离和富集非常有效，该方法对环境样品的预处理技术做出了很大的贡献。

2.3.1 液液萃取

液液萃取是一种常用的传统溶剂萃取分离技术，利用被分离物质在两相中溶解度不同而实现分离和转移。例如，很多有机污染物在有机溶剂中的溶解度远远大于在水中的溶解度，因此经常采用不溶于水的有机溶剂萃取水中的有机污染物。液液萃取后得到的有机相可以通过旋转蒸发装置或是氮气吹扫装置进行进一步浓缩富集。另外，液液萃取还有金属螯合物萃取体系，该方法中金属离子与有机螯合配体反应，形成中性螯合物，然后被有机溶剂萃取。在有机相中的被测物质的浓缩可以通过盐析作用得到加强。可以采用样品加入内标和萃取校正标准的方法进行测定。

液液萃取具有萃取效率高、适用范围广、设备简单等特点，但同时具有溶剂消耗大、人力消耗比较大、分析时间较长等缺点。目前仪器化的液液萃取装置，例如全自动液液萃取仪等，在市场能够买得到，价格便宜，这一定程度上提高了液液萃取的样品处理效率。液液萃取应用广泛，例如多环芳烃、硝基苯类化合物（HJ 648—2013）、酚类化合物（HJ 676—2013、NB/SH/T 0933—2016）等能高效萃取。在新型消毒副产物鉴定领域，为了尽可能萃取全部有机消毒副产物，采用了先酸化水样，然后液液萃取-旋转蒸发的分离富集方法，如图 2.1 所示。

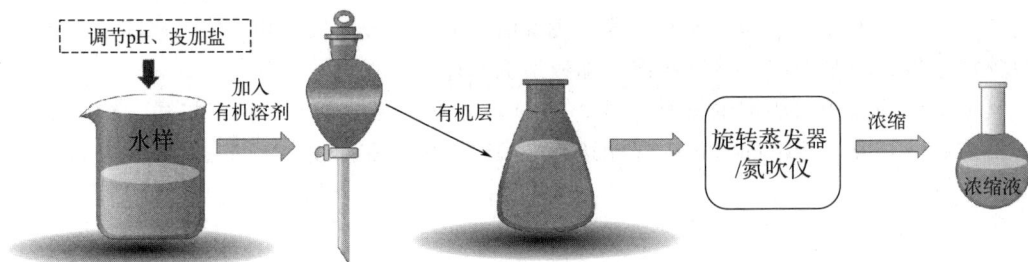

图 2.1 液液萃取和浓缩过程示例

加速溶剂萃取：通过升高温度（50～200℃）和压力（1000～3000psi❶），提高溶剂萃取固体或半固体样品效率。温度和压力的提高可增加物质溶解度和提高物质扩散速率，从而提高萃取效率。

连续液液萃取：如果 K_d 值小或者需要的样品量大，单次萃取的效率很低，这时如果采用多次萃取，工作量和试剂量都会较大，因而不适用或不经济。在这些情况下，可以使用连续液液萃取技术，即采用专业的连续萃取装置，使有机萃取剂循环、连续地和水样接触混合，实现被萃取物的高效萃取。连续萃取装置实现了液液萃取的自动化。

微萃取：采用 0.001～0.01 范围的相比率值进行萃取过程。与传统的液液萃取相比，它采用小体积有机溶剂，节约试剂，而且浓缩倍数较高。但是微萃取的回收率相对较差。图

---

❶ 1psi＝6894.757Pa。

2.2 展示了微萃取过程，选择比水密度低的有机溶剂，这样有机溶剂积累在瓶颈部分便于抽取。可以采用样品加入内标和萃取校正标准的方法进行测定。该方法在开发在线萃取、自动液液萃取等方面具有优势。

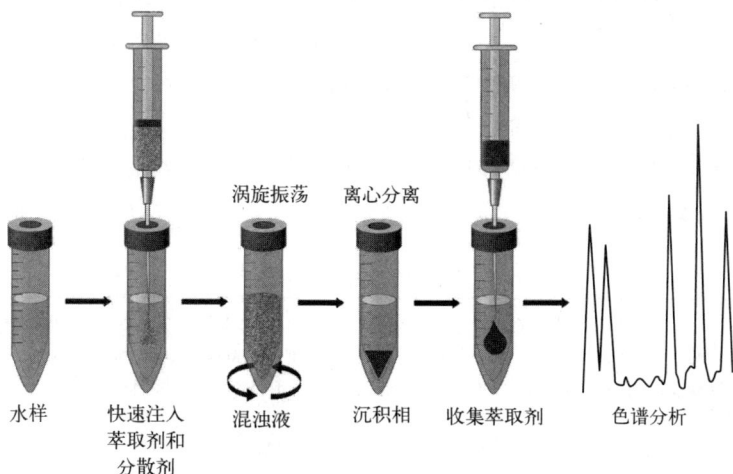

图 2.2 微萃取过程

2.3.2 索氏提取

索氏提取又名沙氏提取，是从固体物质中提取化合物的一种常用方法。索氏提取装置称为索氏提取器（图 2.3），其利用溶剂回流及虹吸原理，使固体物质连续不断地被纯溶剂提取，既节约溶剂，又提高提取效率。提取前需要将固体物质（例如土壤、动植物组织等）尽量研碎，以增加固液接触的面积，然后用滤纸包裹好固体物质并置于提取器中，提取器下端与盛有溶剂的圆底烧瓶相连，上端接回流冷凝管。加热圆底烧瓶使溶剂挥发，蒸气通过提取器的支管上升后，冷凝滴到固体样品上，进行萃取。当溶剂面超过虹吸管的最高处时，含有萃取物的溶剂虹吸回烧瓶，如此反复，使固体物质不断被纯溶剂萃取，萃取出的物质将富集在烧瓶中。索氏提取应用场景见表 2.1。

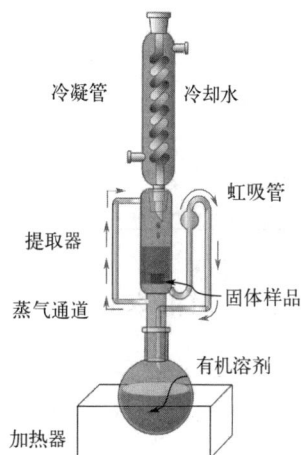

图 2.3 索氏提取器

表 2.1 索氏提取应用场景

标准号	检测对象	提取剂	提取方法	检测方法	检测限
GB/T 14550—2003	六六六、DDT	石油醚-丙酮(1：1)	浸泡 12h 后，75～95℃水浴提取 4h	气相色谱	$0.49\times10^{-4}\sim4.87\times10^{-3}$ mg/kg
GB 5009.6—2016	食品中脂肪	无水乙醇或石油醚	抽提 6～10h	称重	0.001g
GB/T 2412—2008	聚丙烯和丙烯共聚物热塑性塑料	正庚烷	加热至即将沸腾，连续萃取 24h	称重	0.1mg
HJ 690—2014	废气中苯可溶物	苯	95℃水浴中抽提 4h	称重	0.01mg

2.3.3 超临界流体萃取

超临界流体萃取是利用超临界流体作为萃取剂，从固体或液体中萃取出某种高沸点或热敏性成分，实现分离和提纯的目标。超临界流体萃取是利用临界或超临界状态的流体使被萃取的物质在不同的蒸气压力下具有不同化学亲和力和溶解能力进行分离、纯化的操作，该过程结合了蒸馏和萃取的原理。该方法耗时短、污染少、选择性好、易调节，易与其他分析技术联用，易实现自动化分析。最常用的萃取剂是 CO_2。

超临界流体萃取在食品、药品等行业中都有应用，表 2.2 列出了中国机械行业推荐标准《超临界 CO_2 萃取装置》。

表 2.2 《超临界 CO_2 萃取装置》（JB/T 20136—2011）

性能标准	CO_2 流速:0.5~15mL/min 助溶剂流速:0.1~10mL/min 液态二氧化碳压力:$5.7×10^6$Pa 冷却:循环冷却 高压范围:$4×10^7$Pa 助溶剂数量:6 个(500mL/瓶)		容量:1~10 个萃取釜(5、10、25mL) 温度范围:环境温度到 90℃ 最大热率:≈6℃/min 温度准确度:±0.5℃ 温度稳定:±0.1℃ 温度精度:±0.1℃
萃取参数	容器名称	压力/MPa	温度/℃
	萃取釜	28	45
	分离 1 釜	12	55
	分离 2 釜	6	40
萃取过程	将原料称重后加入萃取釜,启动萃取装置。待各项工艺参数达到定值后,开始萃取循环并计时。萃取循环中,每隔 30min 从分离 1 釜、分离 2 釜收集一次萃取产物。循环 3h 停机,将分离 1 釜、分离 2 釜内的产物全部收集合并		

2.3.4 固相萃取

固相萃取（SPE）是利用被萃取物质在液固两相间的分配作用不同的一种分离技术。固相萃取的流程如图 2.4 所示，利用吸附剂的极性、疏水性、离子交换能力等作用力选择性地

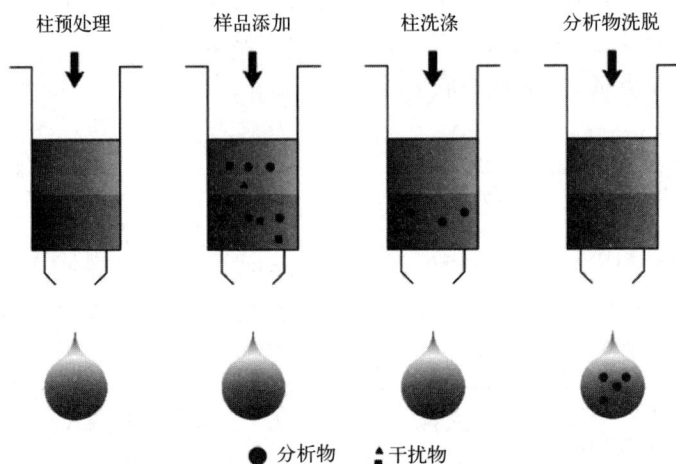

图 2.4 固相萃取流程图

保留和吸附待测溶液中的目标化合物，其他组分则透过吸附剂流出萃取柱，然后用另一种洗脱能力较强的溶剂选择性地把目标物洗脱出来，从而实现对复杂样品中目标化合物的纯化和富集。与传统的液液萃取相比，固相萃取耗费溶剂少、萃取快速高效且克服了容易乳化的缺点。

SPE 萃取柱的种类包括反相柱、正相柱、离子交换柱、吸附柱和混合柱。反相固相萃取所用的吸附剂通常是非极性的或极性较弱的，所萃取的目标化合物通常是中等极性到非极性化合物。目标化合物与吸附剂间主要是非极性-非极性相互作用。正相固相萃取所用的吸附剂通常是极性的，用来从样品中吸附极性化合物。目标化合物在吸附剂上的保留能力取决于目标化合物的极性官能团与吸附剂表面的极性官能团之间的相互作用，包括氢键、π-π 键、偶极-偶极和偶极-诱导偶极等相互作用。离子交换固相萃取所用的吸附剂是带有电荷的离子交换树脂，目标化合物与吸附剂之间的相互作用是静电吸引力。吸附柱是依靠范德华力等分子吸附原理，常见的吸附剂有 Al_2O_3 填料、石墨化碳填料等。有些萃取柱采用以上两种或多种吸附结构或填料实现萃取功能。表 2.3 列出了常见的 SPE 萃取柱填料性质。表 2.4 列出了固相萃取技术在国家和国际标准中的应用。

表 2.3 常见的 SPE 萃取柱填料性质

SPE 萃取柱种类及作用力		材料结构示例	结合能/(kcal[①]/mol)
反相	非极性相互作用		1～5
正相	氢键、π-π 键、偶极-偶极和偶极-诱导偶极		3～10
离子交换	阳离子相互作用、阴离子相互作用		50～100
混合相	结合离子、非极性和极性相互作用		3～100

① 1kcal=4.1868kJ。

表 2.4 固相萃取技术在国家和国际标准中的应用

标准号	标准名称	检测对象	萃取剂
GB/T 26411—2010	《海水中 16 种多环芳烃的测定 气相色谱-质谱法》	海水或地表水和地下水等水质中萘、苊烯、苊、芴、菲、蒽、荧蒽、芘、苯并[a]蒽、䓛、苯并[b]荧蒽、苯并[k]荧蒽、苯并[a]芘、二苯并[a,h]蒽、苯并[g,h,i]苝和茚并[1,2,3-c,d]芘等	C_{18} 固相萃取柱

标准号	标准名称	检测对象	萃取剂
GB/T 20466—2006	《水中微囊藻毒素的测定》	水中微囊藻毒素(环状七肽化合物)	
ISO 18856:2005	《水质　选定的邻苯二甲酸酯的测定　气相色谱/质谱法》	地下水、地表水、废水和饮用水中邻苯二甲酸盐	C_{18} 固相萃取柱
ISO 24293:2009	《水质　壬基苯酚特定异构体的测定　固相萃取(SPE)和气相色谱/质谱法(GC/MS)》	饮用水、废水、地下水和地表水非过滤样品中的壬基苯酚特定异构体	
ISO 25101:2009	《水质　未过滤样品的全氟辛烷磺酰基化合物(PFOS)和全氟辛酸(PFOA)的测定　固相萃取和液相色谱/质谱法》	全氟辛烷磺酰基化合物(PFOS)和全氟辛酸(PFOA)的线形异构体	
HJ 1192—2021	《水质　9 种烷基酚类化合物和双酚 A 的测定　固相萃取/高效液相色谱法》	地表水、地下水、生活污水和工业废水中4-叔丁基苯酚、4-丁基苯酚、4-戊基苯酚、4-己基苯酚、4-庚基苯酚、4-辛基苯酚、4-支链壬基酚、4-叔辛基苯酚和 4-壬基苯酚等 9 种烷基酚类化合物和双酚 A	苯乙烯和二乙烯苯共聚物
HJ 648—2013	《水质　硝基苯类化合物的测定　液液萃取/固相萃取-气相色谱法》	地表水、地下水、工业废水、生活污水和海水中 15 种硝基苯化合物	聚苯乙烯-二乙烯基苯球形高分子共聚物
HJ 914—2017	《水质　百草枯和杀草快的测定　固相萃取-高效液相色谱法》	地表水、地下水和废水中百草枯(N,N'-二甲基-4,4'-联吡啶二氯化物和二硫酸甲酯,以二价阳离子形式存在,属联吡啶杂环化合物)和杀草快	弱阳离子交换柱

2.3.5　固相微萃取

固相微萃取（SPME）是利用萃取纤维涂层与待测样品之间的吸附-解吸平衡,使待测物质直接富集在萃取纤维中,然后纤维直接用于仪器检测或采用解吸附再进行分离的方法。萃取效率的高低取决于萃取纤维涂层的性质。SPME 装置和流程如图 2.5 所示。SPME 集取样、萃取、浓缩和进样于一体,操作方便,测定快速高效；无需任何有机溶剂,是真正意义上的固相萃取,避免了对环境的二次污染；仪器简单,适于现场分析,也易于操作。缺点是定量检测精确度不高、可重复性不高,商业可用负载聚合物品种少。

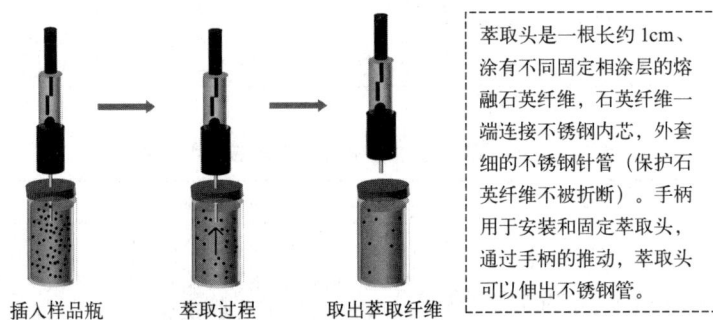

萃取头是一根长约 1cm、涂有不同固定相涂层的熔融石英纤维,石英纤维一端连接不锈钢内芯,外套细的不锈钢针管(保护石英纤维不被折断)。手柄用于安装和固定萃取头,通过手柄的推动,萃取头可以伸出不锈钢管。

插入样品瓶　　萃取过程　　取出萃取纤维

图 2.5　固相微萃取装置和流程图

2.3.6 其他液固萃取

（1）基质辅助固相分散萃取（MSPD）

该法通过将样品和填料混合研磨，使样品在固定相颗粒表面均匀分散，从而获得半固态样品，随后进行装柱，并通过不同淋洗液进行洗脱对目标物进行净化。

（2）微波萃取（MAE）

在微波场中，吸收微波能力的差异使得基体物质的某些区域或萃取体系中的某些组分被选择性加热，从而使待测物从基体或体系中分离，进入萃取剂中。

2.4 气体或挥发性污染物的分离富集方法

2.4.1 低温蒸馏法

低温蒸馏法多年来广泛应用于气体分离领域，是一种传统的气体分离手段。它是在极低的温度和高压下，根据混合气体沸点的差异实现分离的方法。蒸馏的基本流程包括三个步骤：① 通过热量供应产生气/液两相；② 在共存的气/液两相之间传质；③ 气/液两相分离。虽然低温蒸馏技术在工业分离过程中占据了很重要的地位，但是不可避免的是基于低温蒸馏的气体分离技术具有能耗大、效率低、分离系数小等缺点。

2.4.2 吸附法

吸附法是利用气态污染物分子和吸附剂表面之间产生的物理或化学相互作用将目标污染物分子从气态污染物中分离的方法。气态污染物通过填充吸附剂的固定床，吸附力较弱的气体组分快速产出，而具有强吸附性的气体组分将随后在解吸阶段被回收利用。目前常用的吸附剂为具有极高比表面积的多孔材料，如分子筛、活性炭、沸石和硅胶等吸附剂，基于混合气体中不同气体与吸附剂表面活性位点之间的分子间引力有差异来实现分离。

2.4.3 吸收法

吸收法是利用液态吸收剂处理气体混合物以除去其中某一种或几种气体的过程。在气-液相的接触过程中，气体混合物中的不同组分在同一种液体中的溶解度不同，气体中的一种或数种溶解度大的组分将进入液相中，从而使气相中各组分相对浓度发生了改变，即混合气体得到分离净化，这个过程称为吸收。例如，用水吸收 SO_2，用碱液吸收 CO_2，用酸溶液吸收氨等。

2.4.4 膜分离法

膜分离法是 20 世纪新兴的分离手段，是指在压力差为推动力的作用下，利用气体混合物中各组分在气体分离膜中渗透速率的不同而使各组分分离的过程。气体分离膜的性能不仅取决于膜材料、膜形态、膜组件和系统设计，还取决于原料气的预处理、膜分离系统等方面。目前全球主要气体分离膜使用的材料集中在聚砜、聚酰亚胺、聚酰胺、四溴聚碳酸酯、醋酸纤维素、聚苯醚、硅橡胶等。

2.4.5　热解吸（热脱附）法

热解吸是将污染介质及其所含的有机污染物加热到足够的温度，以使有机污染物从污染介质上得以挥发或分离的过程。常见的分析仪器是热解吸气相色谱，先将样品捕集在吸附剂上，然后将吸附剂置于热解吸进样装置中，快速升温使样品组分解吸后随载气进入气相色谱进行分离。热解吸过程见图 2.6。

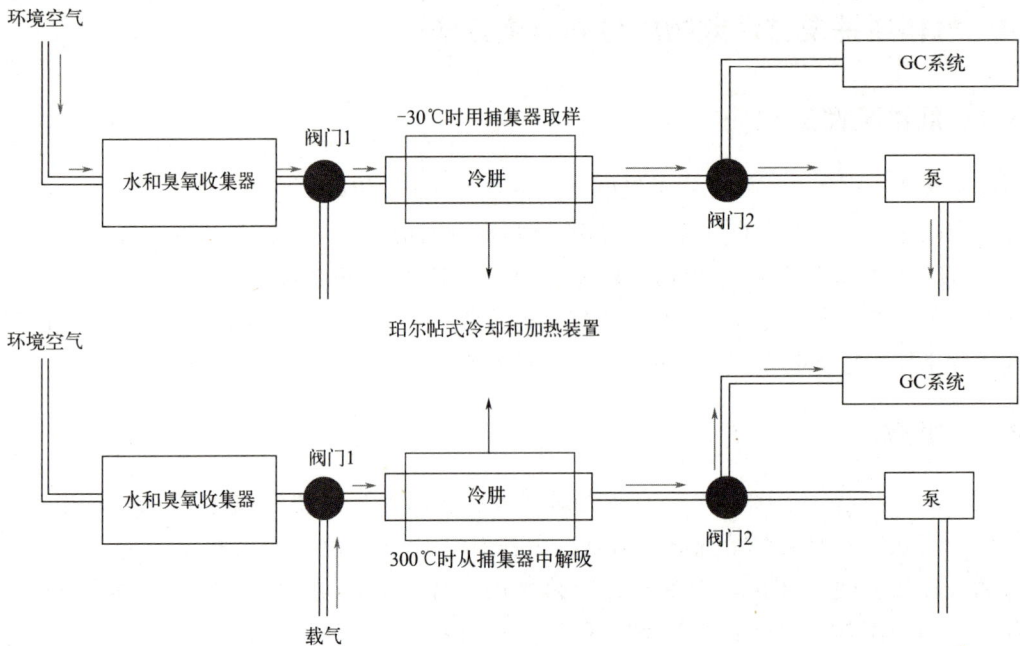

图 2.6　热解吸过程

2.4.6　气体萃取法

对于样品中痕量高挥发性物质的分析测定，可使用气体萃取（顶空技术）的方法。与大部分的有机溶剂相比，气体既容易处理又容易纯化。气体萃取常常用于气相色谱分析。自动顶空进样器分为静态和动态顶空两种方式，静态顶空的方式就是将混合物放入一密闭的容器，通过加热升温的方式使易挥发的组分挥发出来，从而达到气-固或气-液平衡，后通过定量抽取气体样品来检测原混合物中挥发组分的含量；动态顶空又称为吹扫捕集技术，利用惰性气体提供动力将挥发性组分吹扫出来，然后通过捕集器将挥发组分进行浓缩，后送入气相色谱进行检测。这种方法已经广泛应用在环境分析领域中，例如废水中挥发性芳香烃的分析、饮用水中挥发性有机物分析、食品的气味分析（静态、动态均可）、药物中残留溶剂的分析等。动态顶空进样过程见图 2.7。

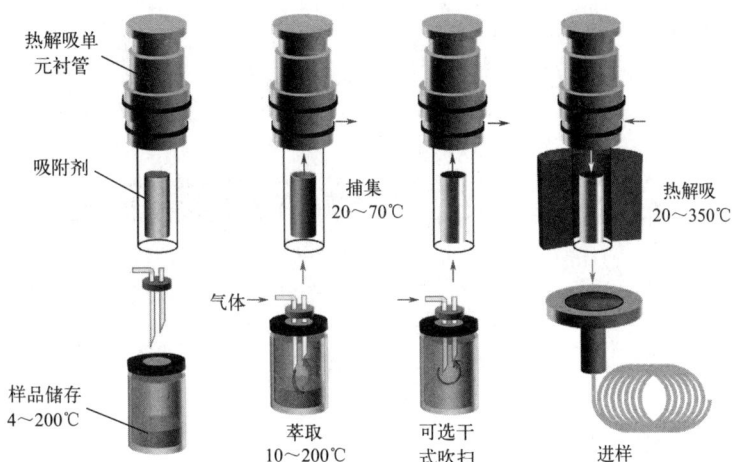

图 2.7 动态顶空进样过程   图 2.7（彩）

2.5 衍生化技术

衍生化技术就是通过化学反应将样品中难以分析检测的目标化合物定量地转化成另一易于分析检测的化合物，通过后者的分析检测可以对目标化合物进行定性和（或）定量分析。

例如羧酸的极性较强，常与气相色谱（GC）的"惰性"固定相发生非特异性作用，产生拖尾峰；羧酸的挥发性也差，由于缔合作用，其挥发性比按分子量大小预计的还要弱，因此难以用 GC 直接分析羧酸。而羧酸酯的极性较弱，挥发性也强，很符合 GC 的要求，所以许多羧酸在 GC 测定之前都要衍生化成相应的酯，最常用的是甲基酯。

衍生技术往往作为气相色谱技术的前处理技术，能够提高 GC 检测灵敏度，改变化合物的色谱性能，改善分离效果，适合进一步做化合物的结构鉴定，扩大色谱分析的应用范围。衍生技术还可以分为柱前衍生和柱后衍生，柱前衍生是指衍生化反应发生在色谱分离之前，如脂肪酸的酯化使其沸点降低，便于气化；柱后衍生指衍生化反应发生在色谱分离之后，主要是为了提高检测的灵敏度。

二维码 2-1   二维码 2-2   二维码 2-3

2.6 前处理技术的应用案例

二维码 2-4

（1）超临界 CO_2 萃取的环境应用案例（二维码 2-1）

（2）环境中全氟、多氟化合物的监测分析案例（二维码 2-2）

（3）空气中挥发性消毒副产物的采样分析（二维码 2-3）

（4）五步提取法提取土样中不同化学形态重金属（二维码 2-4）

课后习题

第二章习题

第三章 色谱分析及其应用

3.1 色谱分析导论

色谱分析法是一种物理化学分离分析方法。色谱法利用混合物中各组分在两相间分配系数的差异，当两相相对移动时，各组分在两相间进行多次分配，从而使各组分分离。色谱法目前种类众多，是环境分析监测中应用最广泛的方法之一。色谱法根据两相状态、固定相类型、分离机制等可以分成不同色谱分离技术。按照流动相的种类可以分成气相色谱（GC）、液相色谱（LC）、超临界流体色谱（SFC）等；按照目标物和固定相的作用机理可以分成吸附色谱（AC）、分配色谱（PC）、离子交换色谱（IEC）、分子排阻色谱（SEC）等；按照固定相的支撑体的形状可以分成柱色谱和平板色谱（包括纸色谱和薄层色谱）。

3.1.1 色谱的基本概念和常用术语

以组分的信号变化为纵坐标，组分流出时间为横坐标的图即色谱图，又称色谱流出曲线（图 3.1）。色谱的常见专业术语见表 3.1，更多术语可以参考专业的仪器分析书籍。色谱流出曲线是定性、定量色谱分析的主要依据。

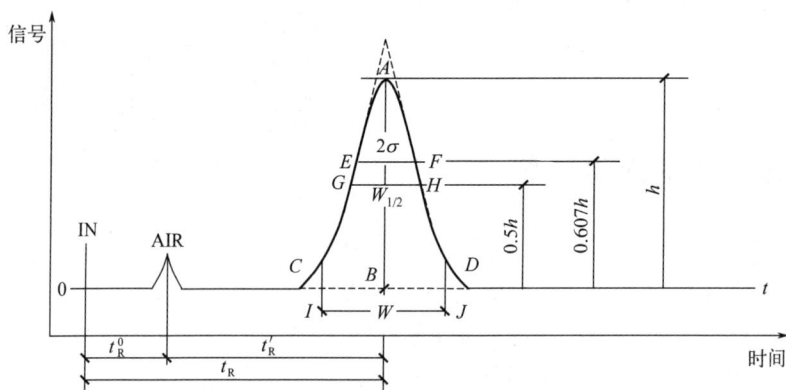

图 3.1　色谱流出曲线

表 3.1　色谱的常见专业术语

术语	定义或含义
色谱峰	组分从柱内流出,浓度达到最大值所形成的部分称为色谱峰
基线	只有流动相通过检测器时所得的信号曲线,正常情况下为一条相对水平的线

16

术语	定义或含义
峰高 h	色谱峰顶点与基线之间的垂直距离
峰面积 A	色谱峰曲线和基线包围的面积
标准偏差 σ	即 $0.607h$ 处的色谱峰宽度的一半
半峰宽 $W_{1/2}$	即峰高一半处对应的峰宽
峰(底)宽度 W	色谱峰两侧拐点上的切线在基线上截距间的距离
保留值(时间)	组分从进样到出峰最大值所需时间
保留体积 V_R	组分从进样到在柱后出现浓度极大值时所需通过色谱柱的流动相体积
死时间 t_0	不被固定相吸附或溶解的组分从进样到出现峰极大值时所需的时间
调整保留时间 t_R	组分的保留时间扣除死时间后,为该组分的调整保留时间
死体积 V_0	从进样器到检测器的流路中未被固定相占用的空间容积
分配系数 K	一定温度和压力下,组分在固定相和流动相之间分配达到平衡时的浓度之比
分配比 k	指组分在两相间分配达平衡时,组分在固定相和流动相中的质量比
分离度 R	相邻两组分色谱峰保留值之差与两个组分色谱峰峰底宽度平均值的比值

色谱流出曲线能提供如下信息:

① 通过色谱峰的个数可以判定样品中所含组分的最少个数;

② 通过对比色谱峰保留值可以进行定性分析;

③ 根据色谱峰的面积或峰高可以进行定量分析;

④ 通过色谱峰的保留值及区域宽度可以进行色谱柱分离效能评价;

⑤ 通过两峰间距离的大小可以评价两相的选择是否合适。

3.1.2 色谱法的基本理论

(1) 塔板理论

塔板理论是 1941 年由英国科学家詹姆斯(James)和马丁(Martin)等提出的经验理论,并用数学模型描述了色谱分离过程。塔板理论将色谱柱比作化工反应的精馏塔,设想它由一系列塔板组成,在每一块塔板上即在每一小段柱内,组分在两相间分配进而达到平衡。这一段柱长称为理论塔板高度(H)。结构、性质、分配系数不同的组分在两相中的分配也不同,因而在多级塔板中的流动速度不同。

假设色谱柱长为 L,理论塔板数(即分配次数)为 n,$n = L/H$。n 越大,分配次数越多;H 越小,塔板高度越小;L 越长,组分分离越好。当 $n > 50$ 时,可得到基本对称峰形。一般色谱柱 n 约为 $10^3 \sim 10^6$,因而色谱曲线趋于正态分布。由塔板理论可以导出 n 与 $W_{1/2}$ 及 W 的关系为:

$$n = 5.54\left(\frac{t_R}{W_{1/2}}\right)^2 = 16\left(\frac{t_R}{W}\right)^2 \tag{3.1}$$

由于死时间(或死体积)没有参加柱内分配,因此常用有效塔板数表示柱效。

$$n_{有效} = 5.54\left(\frac{t'_R}{W_{1/2}}\right)^2 = 16\left(\frac{t'_R}{W}\right)^2 \tag{3.2}$$

$$H_{有效} = \frac{L}{n_{有效}} \tag{3.3}$$

塔板理论以热力学的角度解释了组分在色谱柱中移动的速率，流出曲线的形状、色谱峰极大点的位置，并提出了计算及评价柱效能高低的理论塔板数的公式。塔板理论虽然提出了塔板高度的概念，却不能找出影响塔板高度的因素，无法解释为什么在不同的流速下可以测得不同的理论塔板数的实验事实，无法说明造成色谱峰扩展使柱效能下降的原因，更无法解释降低塔板高度的原因。

（2）速率理论

荷兰学者范德姆特（Van Deemter）等在1956年提出了速率理论，他们在塔板理论的基础上，推导出了塔板高度 H 与流动相线速度 u 的关系。

$$H = A + B/u + Cu \tag{3.4}$$

式中，u 为流动相的线速度，m/s；A、B、C 分别代表涡流扩散系数、分子扩散系数、传质阻力系数。

可以看出，当 u 一定时，H 受 A、B、C 三种因素的影响，只有 A、B、C 较小时，H 才能小，柱效高，反之则柱效低，色谱峰变宽。

涡流扩散系数 A：涡流扩散（图3.2）指固定相填充不均匀引起的扩散，流动相带着组分分子通过固定相颗粒空隙时，方向不断改变，使组分形成涡流式的流动，由于色谱柱填装得不均匀或填料颗粒直径不均匀，组分的不同分子经过不同长度的途径流出色谱柱，造成色谱峰变宽。A 值大小可由公式(3.5)计算。

$$A = 2\lambda d_{p} \tag{3.5}$$

式中，d_{p} 为固定相颗粒的平均直径；λ 为固定相填充不规则因子。

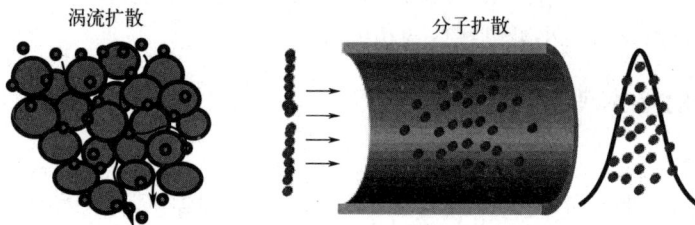

图 3.2 涡流扩散和分子扩散示意图

分子扩散系数 B：当流动相带着组分分子进入色谱柱中，首先形成一个高浓度带，根据扩散原理组分分子会从高浓度向低浓度处扩散，这就是分子扩散或纵向扩散（图3.2），于是就导致了色谱峰的加宽。B 值大小可由公式(3.6)计算。

$$B = 2\gamma D_{g} \tag{3.6}$$

式中，γ 为扩散阻碍因子（曲折性校正因子），它表示固定相颗粒形状对分子运动的阻碍情况；D_{g} 为组分在流动相中的扩散系数，分子量越大，D_{g} 越小，温度增高，D_{g} 增大。

传质阻力系数 C：指组分在流动相和固定相之间传质的阻力。传质阻力系数 C 包括气相传质阻力系数 C_{g} 和液相传质阻力系数 C_{1}，即

$$C = C_{g} + C_{1} \tag{3.7}$$

对于气相色谱填充柱，气相传质阻力系数 C_{g} 为

$$C_{g} = \frac{0.01k^{2}}{(1+k)^{2}} \times \frac{d_{p}^{2}}{D_{g}} \tag{3.8}$$

式中，k 为容量因子。

从上式可以看出，C_g 与填充物粒度的平方 d_p^2 成正比，与组分在载气中的扩散系数 D_g 成反比。因此采用粒度小的填充物和分子量相对小的气体（如 H_2、He）作载气，可减小 C_g，从而降低 H，提高柱效。液相传质阻力系数 C_l 为

$$C_l = \frac{2}{3} \times \frac{k}{(1+k)^2} \times \frac{d_f^2}{D_l} \tag{3.9}$$

式中，d_f 为液膜厚度；D_l 为组分在液相中的扩散系数。

由上式可知，C_l 与固定液的膜厚度平方 d_f^2 成正比，与组分在液相中的扩散系数 D_l 成反比。

因此，降低固定液的含量，减小液膜厚度，加快组分在液相中的扩散，可减小 C_l，增大 H，提高柱效。将 A、B、C 代入式（3.4）中得到范德姆特塔板高度方程式。

$$H = 2\lambda d_p + \frac{2\lambda D_g}{u} + \left[\frac{0.01k^2}{(1+k)^2} \times \frac{d_p^2}{D_g} + \frac{2kd_f^2}{3(1+k)^2 D_l} \right] u \tag{3.10}$$

范德姆特方程对色谱条件的选择具有实际指导意义，和塔板理论一起，是色谱法的理论基础。

根据范德姆特方程 $H = A + B/u + Cu$ 做 H-u 关系曲线，可以得到一条双曲线。从图 3.3 可以看到，H-u 关系曲线有最低点，该点对应最小塔板高度 H_{min}，其柱效能最高，该点对应的流速为最佳流速 $u_{最佳}$。

$u_{最佳}$ 和 H_{min} 还可通过对范德姆特方程进行微分求得：

$$u_{最佳} = \sqrt{\frac{B}{C}} \tag{3.11}$$

于是

$$H_{min} = A + \sqrt{BC} \tag{3.12}$$

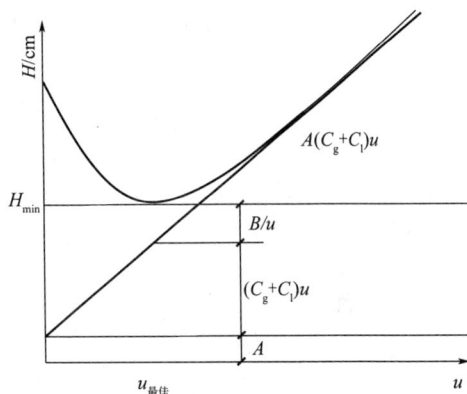

图 3.3　H-u 关系曲线

速率理论为色谱分离和操作条件选择提供了理论指导，阐明了流速和柱温对柱效及分离的影响，明确了组分分子在柱内运行的多路径与涡流扩散、浓度梯度所造成的分子扩散及传质阻力使气液两相间的分配平衡不能瞬间达到平衡等因素是造成色谱峰扩展、柱效下降的主要原因。通过选择适当的固定相粒度、载气种类、液膜厚度及载气流速可提高柱效。

（3）色谱峰展宽的柱外因素

柱外峰展宽又称柱外效应。实际上，在色谱系统中，除了柱内峰展宽外，在色谱柱外也存在峰展宽的因素。引起峰展宽的柱外因素为进样器、检测器和各种连接管中的死体积。因此，色谱峰展宽的总方差等于柱内、柱外及其独立因素的方差和。

3.2　气相色谱法

3.2.1　气相色谱仪器组成

气相色谱仪（GC）构造如图 3.4 所示，包括如下系统：

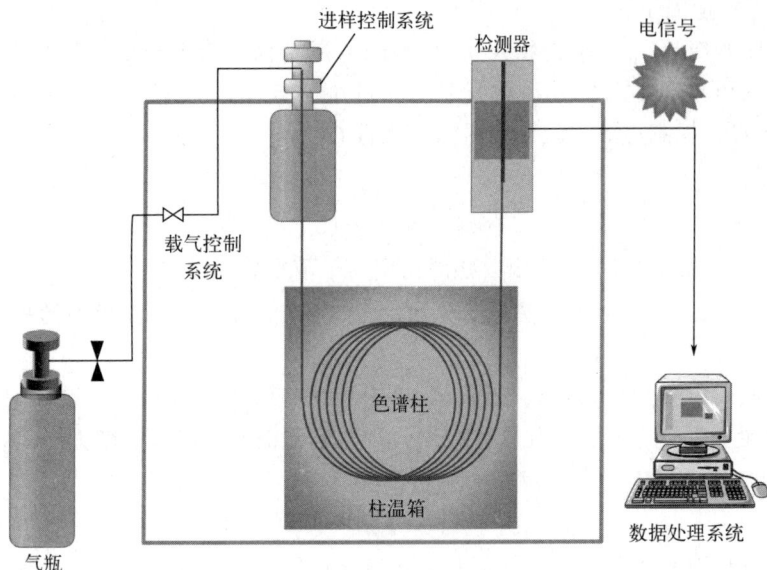

图 3.4　GC 组成示意图

① 流动相控制系统，控制气体或液体流动相的压力和流量。

② 进样系统，使样品不发生质的变化、快速定量地进入色谱的装置。

③ 分离系统，即色谱柱，用来分离样品中各个组分。

气固色谱填充柱：固体固定相一般采用固体吸附剂，利用固体吸附剂对气体的吸附性能差别分离组分。常用的固体吸附剂主要有强极性的硅、弱极性的氧化铝、非极性的活性炭和具有特殊吸附作用的分子筛，根据它们对各种气体的吸附能力的不同来选择最合适的吸附剂。

气液色谱填充柱：是气相色谱中应用广泛的固定相，由载体（也称担体）和固定液组成。载体是一种化学惰性、多孔性的固体颗粒，其作用是提供一个大的惰性表面，以承载固定液，使固定液在其表面展成薄而均匀的液膜。载体分为硅藻土型和非硅藻土型（氟载体、玻璃珠）两类，硅藻土类是目前气相色谱中广泛使用的一种载体。固定液一般为高沸点的有机化合物，均匀地涂在载体表面，呈液膜状态。

毛细管柱：这种色谱柱在内壁上涂渍一层极薄而均匀的固定液膜，中心是空的，故称开管柱，习惯称毛细管柱。毛细管柱窄孔、空心、柱长，柱效比填充柱要高约两个数量级，具有很高的分辨能力。毛细管柱的应用大大提高了气相色谱法对复杂物质的分离能力，主要用来分离多组分难分离的混合物。毛细管柱通常是内径 $0.1 \sim 0.5$mm、长 $10 \sim 50$m。目前毛细管柱是 GC 的主流分离柱。

④ 检测系统，将浓度或质量的变化转变成电信号。

目前气相色谱检测器多达 50 多种，根据检测原理不同，可将检测器分为浓度型和质量型检测器两种。浓度型检测器测量的是载气中组分浓度的变化，如热导检测器（TCD）、光电离检测器（PID）、红外检测器（IRD）、电子捕获检测器（ECD）等。质量型检测器测量的是响应信号与样品中组分的质量关系，如火焰离子化检测器（FID）、火焰光度检测器（FPD）、氮磷检测器（NPD）、质谱检测器（MSD）。常用检测器的性能指标见表 3.2。

表 3.2　常用 GC 检测器及其性能指标

检测器	最低检测限	适用对象
火焰离子化检测器（FID）	丙烷：$<5pg/s$（以碳计）	适用于各种有机化合物的分析，对碳氢化合物的灵敏度高
热导检测器（TCD）	丙烷：$<400pg/mL$； 壬烷：$20000mV \cdot mL/mg$	适用于各种无机气体和有机物的分析，多用于永久气体的分析
电子捕获检测器（ECD）	六氯苯：$<0.04pg/s$	适合分析含电负性元素或基团的有机化合物，多用于分析含卤素化合物
微型 ECD	六氯苯：$<0.008pg/s$	同 ECD
氮磷检测器（NPD）	$<0.4pg/s$（以氮计）；$<0.2pg/s$（以磷计）	适合于含氮和含磷化合物的分析
火焰光度检测器（FPD）	$<20pg/s$（以硫计）；$<0.9pg/s$（以磷计）	适合于含硫、含磷和含氯化合物的分析
脉冲 FPD（PFPD）	对硫磷：$<0.1pg/s$（以磷计）； 对硫磷：$<1pg/s$（以硫计）； 硝基苯：$<10pg/s$（以氮计）	同 FPD

⑤ 计算机控制和采集系统，它包括记录系统和数据处理控制系统，由计算机控制色谱仪工作参数，采集、存储、处理数据，得到色谱图，打印出报告。

检测系统是把经色谱柱分离后的各组分按其性质和含量转换为易测量信号（如电阻、电流、电压、离子流、频率、光波等）的装置。这些信号送到数据处理系统被记录下来得到色谱图。检测器是色谱仪的重要组成部分。

气相色谱仪介绍见二维码 3-1。

二维码 3-1

3.2.2　气相色谱的定量分析方法

定量分析的依据是在一定的操作条件下，进样量（m_i）与响应信号（峰面积 A_i）成正比：

$$m_i = f_i' A_i \tag{3.13}$$

式中，A_i 为峰面积；f_i' 为定量校正因子。

测量峰面积 A_i 的方法：随着电脑软件技术的发展，机器测量峰面积是目前主要的峰面积获得方法。只有极特殊情况（峰很小、不对称等）才会使用到手动积分，一般色谱软件都配备手动积分的功能。

（1）校正因子

f_i' 指单位面积（或峰高）所代表的某组分的量。色谱定量分析是基于物质的量与其峰面积的正比关系，但实践中发现同一种物质在不同检测器上有不同的响应值，不同物质在同一检测器上响应值也不同。为了使检测器产生的响应值能真实地反映出物质的含量，就要对响应值进行校正并引入定量校正因子。

绝对校正因子既不易准确测定，也无法直接应用，所以在定量工作中都是用相对校正因子，即某物质与一标准物质的绝对校正因子之比值，平常所指的校正因子都是相对校正因子，分为质量校正因子、物质的量校正因子和体积校正因子（表 3.3）。

表 3.3 相对校正因子及其计算公式

质量校正因子 f_m	$f_m = f'_{i(m)}/f'_{s(m)} = A_s m_i/(A_i m_s)$，$i$、$s$ 分别代表被测物和标准物质	(3.14)
物质的量校正因子 f_M	$f_M = f'_{i(M)}/f'_{s(M)} = A_s m_i M_i/(A_i m_s M_s)$，$M_i$、$M_s$ 分别为被测物质和标准物质的分子量	(3.15)
体积校正因子 f_V	$f_V = f'_{i(V)}/f'_{s(V)} = A_s m_i M_i \times 22.4/(A_i m_s M_s \times 22.4)$	(3.16)
相对响应值 S'	$S' = 1/f'$，物质 i 与标准物质的响应值（灵敏度）之比	(3.17)

（2）归一化法定量方法

归一化法是色谱中常用的一种简便、准确的定量方法。该方法要求样品中所有组分都出峰，且含量都在相同数量级上。当测量参数为峰面积时，计算公式为

$$X_i = \left(\frac{m_i}{\sum m_i}\right) \times 100\% = \left(\frac{f_i A_i}{\sum f_i A_i}\right) \times 100\% \tag{3.18}$$

式中，A_i 为组分 i 的峰面积；f_i 为组分 i 的相对定量校正因子。f_i 分别为质量校正因子、物质的量校正因子、体积校正因子时，X_i 则相应地为质量分数、物质的量分数和体积分数。

归一化法的优点是不必知道进样量，仪器及操作条件稍有变动对分析结果影响不大，特别适合多组分的同时测定；缺点是样品中的组分必须都出峰并产生响应信号，所有组分的 f_i 值均须测出，否则此法不能应用。

（3）内标法定量方法

内标法是将一定量的纯物质作为内标物，加入到准确称取的试样中，根据被测物和内标物的质量及其在色谱图上相应的峰面积比，求出被测组分的含量。内标法是一种常用的定量分析方法。

内标物应是样品中不存在的、高纯度的标准物，内标物的物理和化学性质应尽可能地与被测物相似；内标物加入量所产生的峰面积应该和被测组分峰面积相当；内标物出峰最好在被测物峰的附近，且能很好分离。根据样品、内标物的质量及在色谱图上产生的相应峰面积，计算组分含量。计算公式为

$$X_i = (m_i/m_样) \times 100\% = f_i A_i m_s/(f_s A_s m_样) \times 100\% \tag{3.19}$$

一般常以内标物为基准，则 $f_s = 1$，此时计算式可简化为

$$X_i = f_i A_i m_s/(A_s m_样) \times 100\% \tag{3.20}$$

式中，X_i 为组分 i 的质量分数；m_s 为内标物的质量；A_s 为内标物峰面积；$m_样$ 为试样质量；A_i 为组分 i 的峰面积；f_i 为相对质量校正因子。

内标法的优点是定量准确，测定结果不受操作条件、进样量及不同操作者进样技术的影响；其缺点是有时选择合适的内标物较困难，每次测定都须准确称量内标物与样品。

（4）外标法

外标法又称标准曲线法，用待测组分的纯物质配成不同浓度的标样进行色谱分析，获得各种浓度下对应的峰面积（或峰高），得到峰面积（或峰高）与浓度的标准曲线。分析时，在相同色谱条件下，进同样体积分析样品，根据所得峰面积（或峰高），从标准曲线上查出待测组分的浓度。

外标法操作和计算都很简便，不必用校正因子，但要求色谱操作条件稳定，进样重复性好，否则对分析结果影响较大。该方法适用于大批量样品的快速分析。

3.3　液相色谱法

3.3.1　液相色谱仪器组成和分类

液相色谱法是继气相色谱之后，70 年代初期发展起来的一种以液体作流动相的色谱技术。目前广泛应用的是在经典液相色谱的基础上发展起来的高效液相色谱法（HPLC），它具有高压、高速、高效、高灵敏度的特点，适合于高沸点、难挥发、热不稳定物质、离子型化合物、高聚物、生物大分子等的分离和分析。HPLC 的组成见图 3.5。高效液相色谱仪介绍见二维码 3-2。

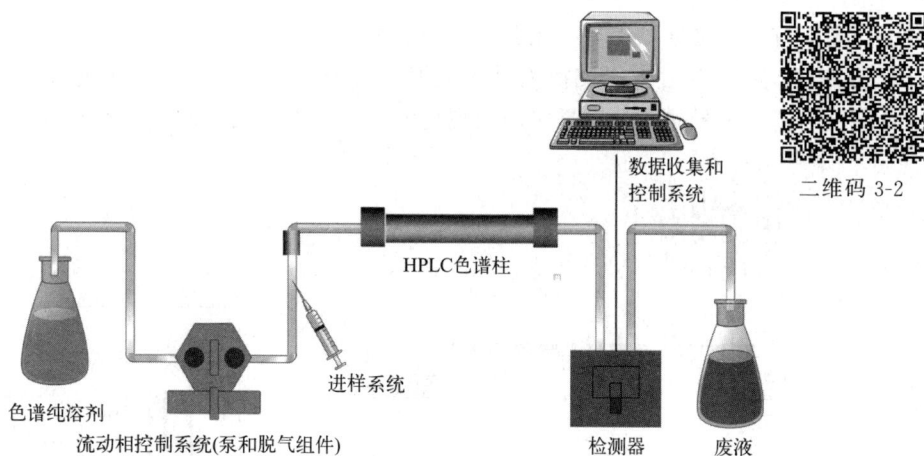

图 3.5　HPLC 的组成示意图

（1）液相色谱仪器主要类型及分离原理

根据分离机制，高效液相色谱法可分为液液分配色谱、液固吸附色谱、离子交换色谱、空间排阻色谱、离子对色谱等几种主要类型。

① 液液分配色谱：流动相和固定相均为液体，作为固定相的液体是涂在很细的惰性载体上。液液分配色谱是根据各组分在两种互不溶解的液体（固定相和流动相）中溶解度不同而实现分离的方法。在液液色谱中，固定相是通过化学键合的方式固定在基质（惰性载体）上。从理论上说，流动相和固定相之间应互不相溶，两者之间有一个明显的分界。样品溶于流动相，并在其携带下通过色谱柱，样品组分分子穿过两相界面进入固定液中，进而很快达到分配平衡，由于各组分在两相中溶解度（分配系数）的不同，使各组分获得分离。不同组分的分配系数不同是液液分配色谱中组分之所以能被分离的根本原因。典型的液液分配色谱就是常见的高效液相色谱仪。

液液分配色谱根据固定相和流动相的相对极性，可分为正相分配色谱和反相分配色谱两类。在正相分配色谱中，固定相的极性大于流动相的极性，组分在柱内的洗脱顺序按极性从小到大流出。正相色谱常用的流动相及其冲洗强度的顺序是正己烷<乙醚<乙酸乙酯<异丙醇。在反相色谱中，固定相是非极性的，流动相是极性的，极性大的组分先流出，极性小的组分后流出。反相色谱常用的流动相及其冲洗强度的顺序是 H_2O<甲醇<乙腈<乙醇<丙醇<异丙醇<四氢呋喃，常用的流动相组成是甲醇-H_2O 和乙腈-H_2O，通常优先考虑甲醇-H_2O 流动相。

液液分配色谱可用于极性、非极性、水溶性、油溶性、离子型和非离子型等各种类型样品的分离和分析。

② 液固吸附色谱：流动相为液体，固定相为固体的色谱方法，利用组分在吸附剂（固定相）上的吸附能力的不同而获得分离。吸附剂通常是多孔性的固体颗粒物质，它们的表面存在吸附中心。样品中各组分的分离取决于组分分子和吸附剂之间作用力（包括氢键、静电力和色散力等）的强弱，也取决于组分分子与流动相分子之间作用力的强弱。例如硅胶和氧化铝的保留能力主要受溶质分子极性官能团的性质控制，官能团的保留能力大小基本符合这个顺序：烷基＜卤素（F＜Cl＜Br＜I）＜醚＜硝基化合物＜腈＜叔胺＜酯＜酮＜醛＜醇＜酚＜伯胺＜酰胺＜羧酸＜碳酸。

液固吸附色谱法适用于溶于有机溶剂的非离子型化合物间的分离，尤其是异构体间的分离，以及具有不同极性取代基的化合物间的分离。

③ 离子交换色谱：离子交换色谱法是根据离子交换的原理发展出的液相色谱方法，是各种液相色谱法中最先得到广泛应用的现代液相色谱法。其构造如图 3.6 所示。

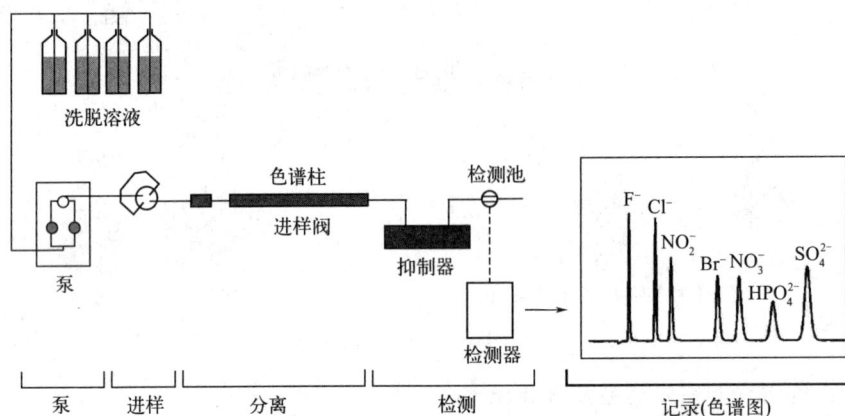

图 3.6 离子交换色谱结构示意图

离子交换色谱以离子交换树脂作为固定相，树脂上具有固定离子基团和可电离的离子基团。其中，能离解出阳离子的树脂称为阳离子交换树脂，能离解出阴离子的树脂称为阴离子交换树脂。流动相也称洗脱剂，多数情况下是一定 pH 和离子强度的弱酸、弱碱或缓冲溶液，有时也加入少量的甲醇、乙醇、乙腈、四氢呋喃等有机溶剂。在离子交换色谱中可以通过改变洗脱液中离子种类、浓度以及 pH 值来改变离子交换的选择性和交换能力。一般电荷高、水合离子半径小的离子亲和力强，常温下的稀溶液中阳离子在强酸型阳离子交换树脂上的保留能力顺序是 $Fe^{3+} > Al^{3+} > Ba^{2+} \geqslant Pb^{2+} > Ca^{2+} > Ni^{2+} > Cd^{2+} \geqslant Cu^{2+} \geqslant Co^{2+} \geqslant Mg^{2+} \geqslant Zn^{2+} \geqslant Mn^{2+} \geqslant Ag^+ \geqslant K^+ \geqslant NH_4^+ \geqslant Na^+ \geqslant H^+ \geqslant Li^+$。阴离子在强碱型阴离子交换树脂上的保留能力顺序是 $PO_4^{3-} > SO_4^{2-} > CrO_4^{2-} > I^- > HSO_4^- > NO_3^- > SCN^- > C_2O_4^{2-} > Br^- > CN^- > HCO_3^- > CH_3COO^- > OH^- > F^-$。

离子色谱法的检测器多为电导检测器（ECD），例如电导检测器和安培检测器。离子色谱后面根据需要也可以接紫外、质谱等检测器。

离子色谱法可用于分离测定离子型化合物，不仅应用于无机离子（如盐类、金属离子混合物和稀土化合物）的分离，还可用于有机物（有机酸、有机氮、水溶性药物及代谢物）的分离。20 世纪 60 年代前后，它已成功地分离了氨基酸、核酸、蛋白质等，在生物化学领域得到了广泛的应用。制备型离子交换色谱已广泛地应用于分离药物与生化物质、合成超细化合物等。

④ 空间排阻色谱：又称体积排斥色谱、凝胶色谱和分子筛色谱，溶质分子在多孔填料表面上受到的排斥作用称为排阻。空间排阻色谱法固定相是化学惰性的多孔性物质（凝胶）。根据所用流动相的不同，凝胶色谱可分为两类：用水溶液作流动相的称为凝胶过滤色谱，用有机溶剂作流动相的称为凝胶渗透色谱。

空间排阻色谱法的分离机理与其他色谱法完全不同。在排阻色谱中，组分和流动相、固定相之间没有力的作用，分离只与凝胶的孔径（纳米到数百纳米）分布和溶质的流体力学体积或分子大小有关。大于凝胶孔径的组分大分子，因不能渗入孔内而被流动相携带着沿凝胶颗粒间隙最先被淋洗出色谱柱，中等体积分子能渗透到某些孔隙，但不能进入另一些更小的孔隙，它们以中等速度被淋洗出色谱柱，小体积的组分分子可以进入所有孔隙，因而被最后淋洗出色谱柱，由此实现分子大小不同的组分的分离。分子量大小和分子的形状都会对保留值有重要的影响。

体积排阻色谱法被广泛用于测定高聚物的分子量及分子量分布。它具有保留时间短、谱峰窄、易检测、可采用灵敏度较低的检测器、柱寿命长等优点。其缺点是不能分辨分子大小相近的化合物，分子量差别必须大于 10% 才能得以分离。

⑤ 离子对色谱：将一种（或多种）与溶质分子电荷相反的离子（称为对离子或反离子）加到流动相或固定相中，使其与溶质离子结合形成离子对化合物，从而控制溶质离子的保留行为。在色谱分离过程中，流动相中待分离的有机离子 X^+（也可以是带负电荷的离子）与固定相或流动相中带相反电荷的对离子 Y^- 结合，形成离子对化合物 X^+Y^-，然后在两相间进行分配。离子对色谱法根据流动相和固定相的性质可分为正相离子对色谱法和反相离子对色谱法。离子对色谱法，特别是反相离子对色谱法解决了以往难分离混合物的分离问题，诸如酸、碱、离子、非离子的混合物，特别是一些生化样品如核酸、核苷、儿茶酚胺、生物碱以及药物等的分离。另外，还可借助离子对的生成给样品引入紫外吸收或发荧光的基团，以提高检测的灵敏度。

(2) 液相色谱分离类型的选择

液相色谱每种分离类型都有其自身的特点和适用范围。高效液相色谱的选择需要综合考虑样品来源、性质（分子量、化学结构、极性、化学稳定性、溶解度参数等化学性质和物理性质）、分析目的、实验室条件（仪器、色谱柱等）等一系列因素。

分子量低、挥发性较高的样品，适用于气相色谱法。液相色谱类型（液固吸附色谱、液液分配色谱、离子交换色谱、离子对色谱、离子色谱等）适用于分离分子量为 200～2000 的样品，而大于 2000 的则宜用空间排阻色谱法。样品为离子型化合物，宜采用离子交换色谱法、离子对色谱法或离子色谱法。

吸附色谱一般用来分离异构体，液液分配色谱分离同系物，空间排阻色谱可适用于溶于水或非水溶剂、分子大小有差别的样品。

对非水溶性样品（很多有机物属此类），了解它们在烃类（戊烷、己烷、异辛烷等）、芳烃（苯、甲苯等）、二氯甲烷或氯仿、甲醇中的溶解度是很有用的。对于非水溶性样品，如果可溶于烃类（如苯或异辛烷），可选用液固吸附色谱；如果溶于二氯甲烷或氯仿，则多用正相色谱和吸附色谱；如果溶于甲醇等，则可用反相色谱。

3.3.2 高效/超高效液相色谱仪器组成和分类

以液体为流动相，采用高压输液泵、高效固定相和高灵敏度检测器等装置的液相色谱仪称为高效液相色谱仪（HPLC）或超高效液相色谱仪（UPLC）。高效液相色谱仪的种类很多，根据其功能不同，可分为分析型、制备型和专用型。不论何种类型的高效液相色谱仪，其基本组成是类似的，都是由高压输液系统、进样系统、分离系统、检测系统及数据处理系统5个部分构成。

（1）分离系统

离子色谱法的色谱柱最常用的载体材料是硅胶，将固定液直接涂渍或通过化学反应键合于载体表面，后者称为化学键合固定相，它具有耐溶剂冲洗、不流失、柱效高、寿命长，以及适于梯度洗脱等优点，在现代液相色谱中占有重要地位，是液液分配色谱的理想固定相。

涂渍法常用的固定液只有几种极性不同的物质，如 β-β'-氧二丙腈、聚乙二醇、聚酰胺、正十八烷和异三十烷等。极性固定液用于正相色谱法，非极性固定液用于反相色谱法。在化学键合固定相中，于硅胶表面键合氰基、氨基和二醇基等极性基团的固定相用于正相色谱法，键合 C_8、C_{16}、C_{18} 烷基和苯基等非极性基团的固定相用于反相色谱法。另外，根据填料颗粒粒径大小，柱子可以分为普通柱（4.6μm 或 5μm）、窄孔柱（1～3μm）、微孔柱（<1μm）。UPLC 和 HPLC 系列柱子参数见表 3.4。

表 3.4　UPLC 和 HPLC 系列柱子参数

项目	UPLC 柱子	HPLC 柱子
颗粒类型	C_{18}、C_8、反相色谱柱 Shield RP18、苯基亲水相互作用色谱柱(Phenyl HILIC)	T3(改性 C_{18})、dC_{18}、亲水相互作用色谱柱(HILIC)
pH 范围	1～12(RP18 为 2～11，HILIC 为 1～8)	2～8,3～7,1～5
最大额定柱压/psi	15000	6000
粒径/μm	1.7	3、5、10
孔径和体积	13nm,0.7mL/g	10nm,1.0mL/g
比表面积/(m^2/g)	185	330

（2）流动相

液相色谱中的流动相，又称冲洗剂、洗脱剂，它有两个作用，一是携带样品前进，二是给样品一个分配相，进而调节选择性，以达到混合物的分离。流动相的性质、组成对柱效能、选择性的影响很大，通过改善溶剂的性质及组成可提高 HPLC 的分离度及分析速度。流动相应满足以下要求。

① 合适的溶解能力与极性。对于待测样品，流动相溶剂必须有良好的选择性和合适的极性，同时要有一定的溶解能力，且对固定液的溶解度尽可能小。

② 化学稳定性要好，与固定相和被测组分不发生化学反应。

③ 与检测器相匹配。紫外检测器是液相色谱中使用最广泛的检测器，因此，流动相应当在使用的紫外波长下没有吸收或吸收很小。而当使用示差折光检测器时，应选择折射率与样品中组分的折射率有尽可能大的差别的流动相，以提高灵敏度。

④ 溶剂的纯度要高。纯度不高时会导致基线不稳定和产生干扰等。实验中至少应使用分析纯试剂,一般使用色谱纯试剂。

⑤ 溶剂的流动性要好,黏度要低。若流动相黏度大,一方面液相传质慢,柱效能低;另一方面柱压降增加。因此应选择低沸点的溶剂。但黏度过低的溶剂又常常会在色谱柱内形成气泡,影响分离。

(3)检测系统

检测器作用是将色谱柱中流出的样品组分含量随时间的变化转化为易于测量的电信号,原则上凡是能对分析目标产生特异性信号,且能与液相色谱兼容的检测器都可以作为液相色谱检测器。常用的检测器介绍如下:

紫外检测器。紫外检测器在液相色谱中应用最广,它适用于对紫外光(或可见光)有吸收的样品的检测,它噪声低、灵敏度高、结构简单。紫外检测器的工作原理是朗伯-比尔定律,它分为固定波长型、可调波长型和二极管阵列检测器。紫外吸收检测器属于选择性检测器,凡是具有共轭 π 键和孤对电子的物质,如共轭烯烃、芳烃以及含有 C=O、C=S、N=O 等基团的化合物,在紫外光区都有吸收,都可用紫外吸收检测器进行测定。如果某些化合物没有吸收,可以通过衍生化法转变成有紫外吸收的物质,以利于紫外检测。

二极管阵列检测器(PAD)的检测原理与紫外吸收检测器相同,只是它采用计算机快速扫描采集数据,可同时检测到所有波长的吸收值,可获得组分的三维谱图,即吸光度随保留时间和波长变化的三维图。该检测器的应用非常广泛。

荧光检测器(FD)是利用某些样品具有荧光特性来检测的。许多有机化合物具有天然荧光活性,其中带有芳香基团的化合物具有很强的荧光活性。在一定条件下,荧光强度与物质浓度成正比。荧光检测器是一种选择性强的检测器,它适合于稠环芳烃、甾族化合物、酶、氨基酸、维生素、色素、蛋白质等荧光物质的测定。它灵敏度高,比紫外检测器高出 2~3 个数量级,缺点是适用范围有一定局限性,仅适用于测定发荧光的物质。

示差折光检测器。示差折光检测器又称折光指数检测器,其最大的特点是对所有的物质都有响应,只要被测组分与洗脱液的折射率有差别就可使用。不同的物质具有不同的折射率,当样品组分随流动相从柱中流出,它的折射率与纯流动相不同。示差折光检测器是以纯溶剂作参比,连续监测柱后洗脱物折射率的变化,并根据变化的差值确定样品中各组分的量。

示差折光检测器是一种浓度型检测器,按其工作原理,可分偏转式、反射式和干涉式等。几乎所有物质都有各自不同的折射率,因此示差折光检测器是一种通用型检测器,对糖类检测灵敏度较高,通常不用于痕量分析。其主要缺点是受环境温度、流动相组成等波动的影响较大,不适合梯度洗脱。

质谱分析法(MS)主要是通过对样品离子质荷比(m/z)的分析而实现对样品进行定性和定量的一种方法。该方法的应用详见第四章。

3.4 色谱法的应用案例

(1)行业标准中的应用

气相色谱、液相色谱在行业标准中的应用分别见表 3.5 和表 3.6。

表 3.5　气相色谱在行业标准中的应用

标准号	检测对象	检测器类型	检出限
HJ 1219—2021	环境空气和废气中的吡啶		当采集环境空气和无组织排放监控点空气,采样体积为 30L,吸收液定容体积为 10mL 时,方法检出限为 0.02mg/m³
HJ 1261—2022	固定污染源废气中的苯系物		当采集固定污染源有组织排放废气,采样体积为 30L,吸收液定容体积为 50mL 时,方法检出限为 0.09mg/m³
HJ 977—2018	水中的烷基汞	氢火焰离子化检测器 (FID)	当进样体积为 1.0mL 时,方法检出限为 0.2~0.6mg/m³
HJ 893—2017	水中的挥发性石油烃 (C₆~C₉)		当取样体积为 45mL 时,甲基汞和乙基汞的方法检出限均为 0.02 ng/L
			当取样量为 10.0mL 时,挥发性石油烃(C₆~C₉)方法检出限为 0.02mg/L
HJ 1079—2019	固定污染源废气中的氯苯类化合物		当取样量为 20.0mL 时,挥发性石油烃(C₆~C₉)方法检出限为 0.01mg/L
			当固定污染源废气采样体积为 10L(标准状态)时,解吸液体积为 2.00mL,解吸液定容体积为 1.00mL 时,方法检出限为 0.04mg/m³
			当无组织排放监控点空气采样体积为 30L(标准状态),解吸液体积为 2~3μg/L
HJ 1067—2019	水中的苯系物		0.007~0.01mg/m³
HJ 754—2015	水中的阿特拉津	氮磷检测器 (NPD)	当取样体积为 10.0mL 时,本标准测定水中苯系物的方法检出限为 0.2μg/L
HJ 1054—2019	土壤和沉积物中的二硫代氨基甲酸酯(盐)类农药	电子捕获检测器 (ECD)	当样品取样量为 2g,以代森锰锌计时,方法检出限为 0.05mg/kg,测定下限为 0.20mg/kg,以二硫化碳计时,方法检出限为 0.03mg/kg
HJ 1070—2019	水中第 15 种氯代除草剂	氢火焰离子化检测器 (FID)	取样体积为 500mL,定容体积为 1.0μL,进样体积为 1.0μL 时,方法检出限为 0.1~0.2μg/L
HJ 1042—2019	环境空气和废气中的三甲胺	氮磷检测器 (NPD)	当空气采样体积为 20L(参比状态),吸收液体积为 10mL 时,方法检出限为 0.004mg/m³
			当空气采样体积为 20L(参比状态),吸收液体积为 10mL 时,方法检出限为 0.0007mg/m³
			当废气采样体积为 20L(标准状态),吸收液体积为 50mL 时,方法检出限为 0.006mg/m³

表3.6　液相色谱在行业标准中的应用

标准号	检测对象	检测器类型	检出限
HJ 1052—2019	土壤和沉积物中的11种三嗪类农药	紫外检测器(UVD)或二极管阵列检测器(PDA)	当样品量为10g,定容体积为1.0mL,进样体积为10μL时,11种三嗪类农药的方法检出限为0.02~0.08mg/kg,测定下限为0.08~0.32mg/kg
HJ 1153—2020	固定污染源废气中的醛、酮类化合物		当试样定容体积为10.0mL,进样量为10μL时,醛、酮类化合物的最低检出量为0.13~0.29μg；当采集污染源排放废气20L(标准状态下干烟气)时,方法的检出限为0.01~0.02mg/m³,测定下限为0.04~0.08mg/m³
HJ 914—2017	水中的百草枯和杀草快		当取样体积为500mL,试样定容体积为1.0mL,进样体积为50μL时,百草枯检出限为0.3μg/L,杀草快检出限为0.4μg/L,测定下限为1.2μg/L、1.6μg/L
HJ 1154—2020	环境空气中的醛、酮类化合物		当试样定容体积为2.0mL,进样量10μL时,醛、酮类化合物的最低检出量为0.024~0.060μg；当采样体积为20L(标准状态下)时,方法的检出限为0.002~0.003mg/m³,测定下限为0.008~0.012mg/m³
HJ 784—2016	土壤和沉积物中的16种多环芳烃	紫外检测器(UVD)　荧光检测器(FLD)	当取样量为10.0g,定容体积为1.0mL,测定16种多环芳烃的方法检出限为3~5μg/kg,测定下限为12~20μg/kg；当取样量为10.0g,定容体积为1.0mL,测定16种多环芳烃的方法检出限为0.3~0.5μg/kg,测定下限为1.2~2.0μg/kg
HJ 868—2017	环境空气中的酞酸酯类	紫外检测器(UVD)	当采样体积144m³(标准状态下),浓缩定容体积1.0mL时,方法的检出限为0.002~0.006μg/m³,测定下限为0.008~0.024μg/m³
HJ 1017—2019	水中的联苯胺		当取样体积为150mL,试样定容体积为2.0mL,进样体积为40μL时,方法的检出限为0.006μg/L,测定下限为0.024μg/L
HJ 1192—2021	水中的9种烷基酚类化合物和双酚A	荧光检测器(FLD)	样品取样体积为200mL,试样定容体积为1.0mL,进样体积为30μL时,方法的检出限为0.04~0.06μg/L,测定下限为0.16~0.24μg/L
HJ 1055—2019	土壤和沉积物中的草甘膦		当取样量为10g(干重)时,方法的检出限为0.02mg/kg,测定下限为0.08mg/kg

（2）应用案例

离子色谱应用案例见二维码 3-3。

二维码 3-3

课后习题

第三章习题

第四章 质谱分析理论及其色谱联用技术

4.1 质谱法和质谱仪导论

质谱分析法（MS）主要是通过对样品离子质荷比（m/z）的分析来实现对样品进行定性和定量的一种方法。电离装置把样品电离为离子，质量分析装置把不同质荷比的离子分开，经检测器检测之后可以得到样品的质谱图，各种离子按其质量大小排列而成的图谱称为质谱。质谱法是唯一可以确定分子式的分析方法，而分子式对结构推测至关重要，根据各类有机化合物中化学键的断裂规律，质谱图中的碎片离子峰提供了有关有机化合物结构的丰富信息。质谱灵敏度高，通常只需要微克级甚至更少质量的样品，便可得到质谱图，检出限最低可达 10^{-14} g。

目前质谱的分类包括有机质谱仪（气相色谱-质谱联用仪、液相色谱-质谱联用仪、傅里叶变换质谱仪、基质辅助激光解吸-飞行时间质谱仪等）、无机质谱仪（ICP-MS）、同位素质谱仪（轻元素同位素、重元素同位素）和气体分析质谱仪。质谱仪一般由真空系统、供电系统、进样系统、离子源、质量分析器和离子检测器等部分组成。

4.1.1 质谱分析常用术语

质谱分析的常见专业术语见表 4.1。

表 4.1 质谱分析常见专业术语

术语	定义或含义
基峰	离子强度最大的峰,规定其相对丰度为 100
质荷比	离子质量与所带电荷数之比,用 m/z 或 m/e 表示
精确质量	精确质量的计算基于天然丰度最大的同位素的精确原子量
分子离子	由样品分子失去一个电子生成的带正电荷的离子,记作 M^+
碎片离子	由分子离子裂解产生的所有离子
重排离子	经过重排反应生成的离子
母离子与子离子	任何一个离子进一步裂解生成质荷比较小的离子,前者称为后者的母离子,后者称为前者的子离子
奇电子离子和偶电子离子	带有未配对电子的离子为奇电子离子,无未配对电子的离子为偶电子离子
多电荷离子	一个分子丢失一个以上电子所形成的离子
准分子离子	比分子量多(或少)1 质量单位的离子,如 $(MH)^+$、$(M-H)^+$
亚稳离子	从离子源出口到达检测器之前产生并记录下来的离子,其质量数不是整数,且峰宽度宽,丰度低

4.1.2　离子源

质谱测量物质必须先将中性待测分子离子化，然后才能测量离子的质荷比，最后得到分子量信息。离子源就是将中性待测分子离子化的部件。环境领域常用的离子源有电子轰击（EI）离子源、化学电离（CI）离子源、电喷雾电离（ESI）离子源、大气压化学离子化（APCI）、电感耦合等离子体（ICP）离子源等。

（1）电子轰击（EI）离子源

EI离子源使用具有一定能量的电子直接作用于样品分子，使其电离。当电子能量为50～100eV时，大多数分子的电离截面是最大值。有机分子的电离势在10eV左右，当受到大于这一能量的电子轰击时，样品分子获得很大的能量，电离发生后还可能进一步碎裂，产生碎片离子，所以电子轰击电离是一种"硬电离"。在电子轰击电离中，样品分子M受到一定能量（如70eV）电子的轰击失去一个电子，生成分子离子M^+。电离速度比振动速度快2～3个数量级。在发生电离的过程中，分子内原子核间距来不及发生改变，遵从Franck-Condon原理。

EI离子源电离效率高，能量分散小，保证了质谱仪的高灵敏度和高分辨率。该离子源适合于所有可以气化进样的待测物，并且70eV电子能量的EI离子源电离待测物几乎都有标准的质谱库，可以根据谱库检索对未知物定性。因此，EI离子源是实验室标准质谱仪器中最常用、最经典的离子源。

（2）化学电离（CI）离子源

高能电子束（100～240eV）轰击离子室内的反应气（如甲烷等），在10～100Pa的低压环境下产生初级离子，再与试样分子碰撞，产生准分子离子。CI离子源是一种软电离源，待测物的产物离子更多的是（准）分子离子峰，碎片较少。化学电离中的离子会发生多级的分子反应（仅考虑与样品电离过程有关的反应），包括质子转移反应、电荷交换反应、氢负离子转移反应、加合与缔合反应，以及特殊反应。

① 质子转移反应

在化学电离的各类离子-分子反应中，质子转移反应是最普遍的一类。对于许多常见的质子化试剂，其反应离子产生本身也是一个质子转移反应，质子转移反应已经被多种质谱技术独立采用，对挥发性有机物进行质子化检测。

② 电荷交换反应

正离子和中性分子作用可以导致电荷交换反应，产生奇电子的分子离子。负离子与中性分子作用也可发生电荷交换反应。

③ 氢负离子转移反应

氢负离子转移反应是烃类（尤其是烷烃）化合物的CI源中一类常见反应。

$$A^+ + M \longrightarrow [M\text{-}H]^+ + AH \tag{4.1}$$

$C_2H_5^+$ 和 $i\text{-}C_3H_7^+$ 与更高级的直链烷烃和支链烷烃的氢负离子发生转移反应，反应速率常数接近碰撞速率常数。$C_4H_9^+$ 与正构烷烃几乎不反应。

④ 加合与缔合反应

最常遇到的加合反应发生在以 NH_3 作试剂气的化学电离中：

$$A^+ + M \longrightarrow [M+A]^+ \tag{4.2}$$

采用碱性更强的胺，如乙二胺或二甲胺，有时更有利于形成加合离子。

在化学电离源66.66～133.32Pa压力下，许多化合物可能形成以质子桥联的二聚体甚

至高聚体 $[n\mathrm{M}+\mathrm{H}]^+$ $(n=2,3,\cdots\cdots)$，尤其是分子中含有 OH、NH_2、$\mathrm{CO}_2\mathrm{H}$ 等基团时。

⑤ 特殊反应

为了特殊的分析目的，在化学电离质谱中，采用特殊的试剂气，会发生一些特殊的反应，如：加成、缩合反应等。

使用最广泛的化学电离试剂是能产生质子酸 AH^+ 等反应性离子的化合物。典型的有：甲烷（CH_5^+、$\mathrm{C}_2\mathrm{H}_5^+$）、异丁烷（$t\text{-}\mathrm{C}_4\mathrm{H}_9^+$）、水（$\mathrm{H}_3\mathrm{O}^+$）、甲醇（$\mathrm{CH}_3\mathrm{OH}_2^+$）和氨（$\mathrm{NH}_4^+$）。电荷交换试剂常用的是惰性气体，如：$\mathrm{N}_2$（$\mathrm{N}_2^+$）、$\mathrm{CO}(\mathrm{CO}^+)$、$\mathrm{CO}_2(\mathrm{CO}_2^+)$、Ar（$\mathrm{Ar}^+$）、$\mathrm{Kr}(\mathrm{Kr}^+)$、$\mathrm{Xe}(\mathrm{Xe}^+)$ 和苯（$\mathrm{C}_6\mathrm{H}_6^+$）。电荷交换化学电离可以研究分子离子的碎裂反应与能量的关系。

大气压离子化技术（API）：样品的离子化在处于大气压下的离子化室内完成，离子化效率高，大大增强了分析的灵敏度和稳定性。API 主要包括电喷雾电离（ESI）和大气压化学离子化（APCI）。

（3）电喷雾电离（ESI）离子源

ESI 工作原理：内衬弹性石英管的不锈钢毛细管（内径约 0.1mm）被加以 3～5kV 的正电压，与相距约 1cm 接地的反电极形成强静电场。被分析的样品溶液从毛细管流出时在电场作用和辅助气流的作用下形成高电荷的雾状小液滴，在加热气体的作用下，液滴因溶剂的挥发逐渐缩小，其表面上的电荷密度不断增大。当电荷之间的排斥力足以克服表面张力时，液滴发生裂分，产生带电的更小微滴，这些液滴中溶剂再蒸发，此过程不断重复，直到液滴变得足够小，表面电荷形成的电场足够强，最终把样品离子从液滴中蒸发出来，形成的样品离子通过锥孔、聚焦透镜进入质谱仪分析器后被检测。ESI 的特征包括：通常没有碎片离子峰，只有整体分子的峰；小分子形成带单电荷的准分子离子；生物大分子形成多种多电荷离子；适合于分析极性强的大分子有机化合物；可以得到正离子质谱或负离子质谱。ESI 电离-四极杆质谱示意图见图 4.1。

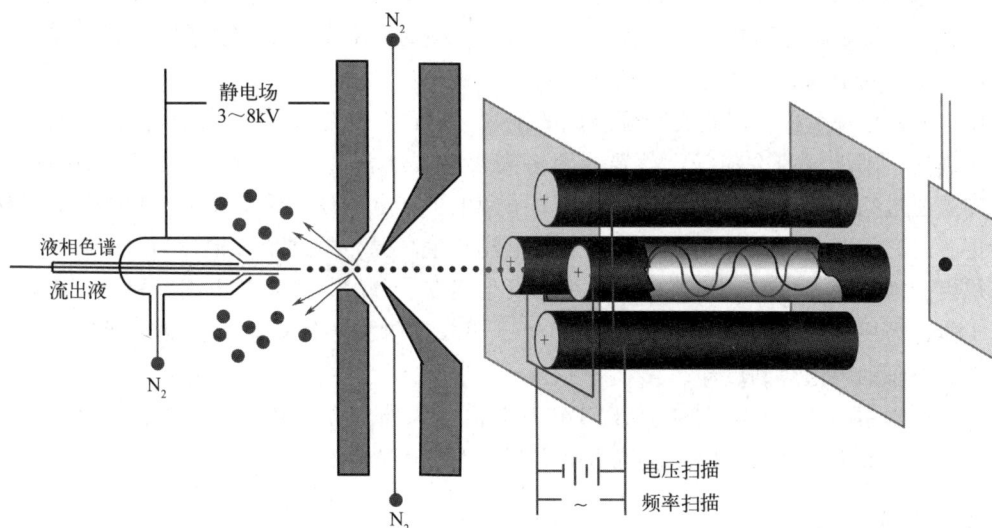

图 4.1　ESI 电离-四极杆质谱示意图

电喷雾通常要选择合适的溶剂，一般来说，极性溶剂（如甲醇、乙腈、丙酮等）更适合于电喷雾。对于水溶液，由于液体表面张力较大，ESI 要求的阈电位也较高，容易引起高压放电，可向喷雾区引入有效的电子清除剂或使离子源加热以降低表面张力。

（4）大气压化学离子化（APCI）

将溶液引入热雾化室（通常要求有较高的温度，有助于溶剂的蒸发，提高去溶剂效果），雾化室尾部安装的一个放电针被加上高压因而电晕放电，背景气离子化后与样品分子发生气相碰撞化学电离。APCI 电离过程见图 4.2。

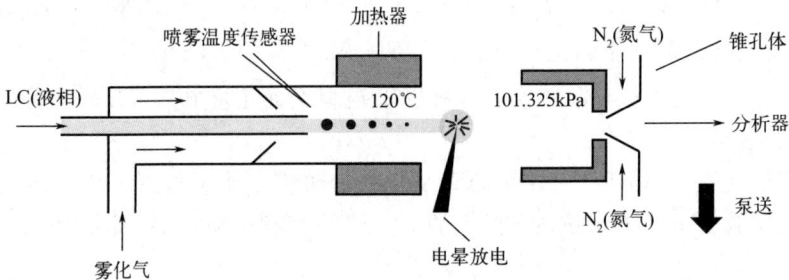

图 4.2　APCI 电离过程

电喷雾电离与大气压化学离子化的比较：

① 电离机理：ESI 采用离子蒸发，APCI 是高压放电发生了质子转移而生成 $[M\text{-}H]^+$ 或 $[M\text{-}H]^-$；

② 样品流速：APCI 源为 $0.2\sim2\text{mL/min}$，而 ESI 允许流量相对较小，一般为 $0.2\sim1\text{mL/min}$；

③ 断裂程度：APCI 源的探头处于高温，足以使热不稳定的化合物分解；

④ 灵敏度：通常认为 ESI 有利于分析极性大的小分子和生物大分子及其他分子量大的化合物，而 APCI 更适合于分析极性较小的化合物；

⑤ ESI 能生成，APCI 源不能生成一系列多电荷离子。

（5）电感耦合等离子体（ICP）离子源

ICP 离子源是将待测物离子化为单原子离子，特别适用于后续接质谱或光谱设备，对待测物的元素进行分析，特别适合金属元素电离分析。

ICP 主体是一个由三层石英套管组成的矩管，矩管上端绕有负载线圈，三层管从里到外分别通载气、辅助气和冷却气，负载线圈由高频电源耦合供电，产生垂直于线圈平面的磁场。如果通过高频装置使氩气电离，则氩离子和电子在电磁场作用下又会与其他氩原子碰撞产生更多的离子和电子，形成涡流。强大的电流产生高温，瞬间形成温度可达 10000K 的等离子焰炬。样品由载气带入等离子体焰炬会发生蒸发、分解、激发和电离，辅助气用来维持等离子体，需要大约 $10\sim15\text{L/min}$ 的冷却气以切线方向引入外管，产生螺旋形气流，使负载线圈处外管的内壁得到冷却。

除上述常用的 EI、CI、ESI、APCI 和 ICP 离子源外，还有激光电离源、真空紫外光电离源、快原子轰击、基质辅助激光解析电离等可以用于化合物的电离。

4.1.3　质量分析器

质量分析器又称质量分离器。质量分析器是能够将离子源中生成的各种离子按照质荷比（m/z）大小分离的部件。各类质谱仪的主要差别就在于质量分析器的不同。目前质量分析器主要有磁质谱、四极杆质谱、飞行时间质谱、离子阱质谱、傅里叶离子回旋共振质谱，以及相关串级质谱和新发展的 Orbitrap 质谱等。

（1）质量分析器的原理

一个质量为 m，电荷价态为 z 的离子经加速电压（V）加速后，获得动能 zeV，并以速度 v 运动，忽略加速前的热运动，则

$$\frac{1}{2}mv^2 = zeV \tag{4.3}$$

将该离子垂直射入扇形磁场（磁场强度 H_0）中，在洛伦兹力作用下作圆周运动，所受到的向心力与离心力平衡。所以

$$H_0 zev = \frac{mv^2}{r} \tag{4.4}$$

合并以上两式可得轨道半径：

$$r = \frac{1}{H_0}\left(\frac{2mV}{ze}\right)^{1/2} \tag{4.5}$$

离子的质荷比（m/z）与磁场强度的平方、轨道半径成正比，而与加速电压成反比。若将加速电压固定，扫描磁场可检出样品分子生成的各种 m/z 值的离子。增加磁场强度可使仪器的质量范围增大，降低加速电压也能达到同样目的，但仪器灵敏度有所下降。

（2）磁质谱仪

磁质谱仪分为单聚焦和双聚焦两种。单聚焦质谱仪只有一个磁场，双聚焦质谱仪除了磁场外，还有一个静电场。双聚焦质谱仪中静电场和磁场的放置顺序包括顺置形式（静电场在前面，磁场在后面）和反置形式（磁场在前面，静电场在后面）。

单聚焦磁偏转型质量分析器如图 4.3(a) 所示，在离子源产生的离子被电场加速进入入射狭缝，然后进入磁场，偏转 90°后穿过出射狭缝，再聚焦到收集极。这里离子的运动轨道半径 r 固定，式(4.5) 可写为

$$\frac{m}{z} = k\frac{H_0^2}{V} \tag{4.6}$$

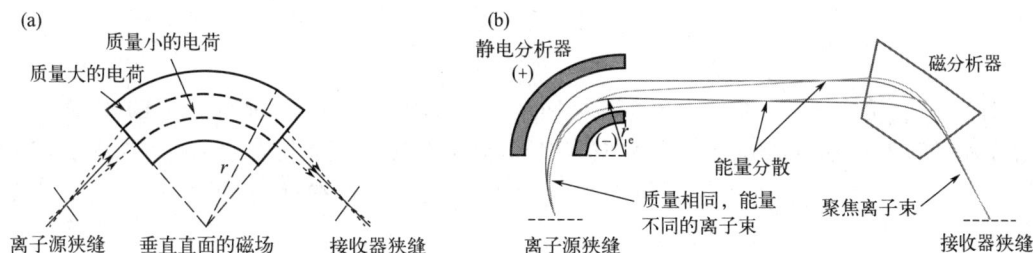

图 4.3 单聚焦磁偏转型质量分析器（a）和双聚焦磁偏转型质量分析器（b）

在进行质谱分析时，磁场强度恒定，一般采用电压扫描使不同质荷比的离子依次沿半径 r 的轨道运动，穿过出射狭缝，到达检测器，凡是不符合公式(4.6) 要求的离子，因为轨道半径不同而不能穿过出射狭缝。

单聚焦磁偏转型质量分析器通过方向聚焦可以使质荷比相同而发射角度不同的离子重新聚焦于出射狭缝，但是不能使质荷比相同而能量不同（离子的入射速度不同）的离子完全聚焦到出射狭缝，因为会影响分辨率。如果在离子源和磁场之间增加一个电场（静电分析器），就能够消除相同质荷比离子由于动能的差别产生的误差，因此发展出了双聚焦磁偏转型质量

分析器，见图 4.3(b)。

双聚焦磁偏转型质量分析器由一个磁场质量分析器（扇形静电场器）和一个静电场能量分析器（扇形磁场分析器）构成，能够同时实现能量（或速度）聚焦和方向聚焦。

当入射离子束穿过静电分析器的环状通道时，离子的动能符合如下公式：

$$\frac{1}{2}mv^2 = \frac{zEr}{2} \tag{4.7}$$

重排得到：

$$r = \frac{mv^2}{zE} \tag{4.8}$$

式中，E 为静电分析器外加电场强度。

双聚焦磁偏转型质量分析器分辨率高，但是扫描速度慢，操作、调整比较困难，体积大，而且仪器造价也比较昂贵。

（3）四极杆质谱

四极杆质谱（QMS）的质量分析器由四根平行电极组成。理想的电极截面是两组对称的双曲线。在一对电极上加电压（$V_{dc} + V_{rf}$），另一对上加电压 $-(V_{dc} + V_{rf})$，其中 V_{dc} 是直流电压，V_{rf} 是射频电压。在一定的 V_{dc}/V_{rf} 下，只有一定质量的离子可以通过四极场，到达检测器，其他质量的离子碰到四极杆被吸收。QMS 可以自身串联，还可以与其他质量分析器串接，形成多级质谱分析仪。四级质量分析器见图 4.4。

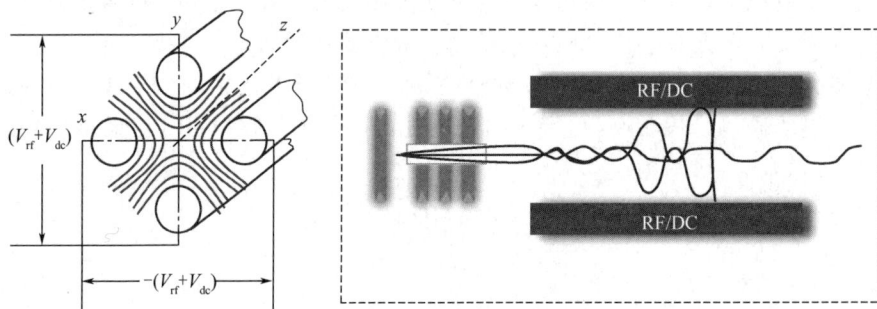

图 4.4 四极质量分析器

QMS 一般质量分辨不高，但仪器容易操作、经久耐用，并且目前所有的 EI 离子源的质谱数据库均基于 QMS 的谱图，实验室气相色谱-质谱联用仪配置最普遍的也是 QMS。四极质谱结构简单、价廉、体积小、易操作、无磁滞现象、扫描速度快，适合于 GC-MS、LC-MS。

（4）离子阱质量分析器

离子阱分析器是由环形电极和上、下两个端盖电极构成的三维四极场。特定 m/z 离子在一定的电压下可以在阱内一定轨道上稳定旋转，改变端电极电压，不同 m/z 离子飞出阱到检测器。离子阱质量分析器见图 4.5。

（5）飞行时间质谱仪（TOF MS）

TOF MS 的核心部分是一个无场的离子漂移管，用一个脉冲将离子源中的离子瞬间引出，经加速电压加速，它们具有相同的动能而进入漂移管，质荷比最小的离子具有最快的速度因而首先到达检测器，质荷比最大的离子则最后到达检测器。检测通过漂移管的时间（t）及其相应的信号强度，可得到质谱图，t 为 μs 或 s 数量级。

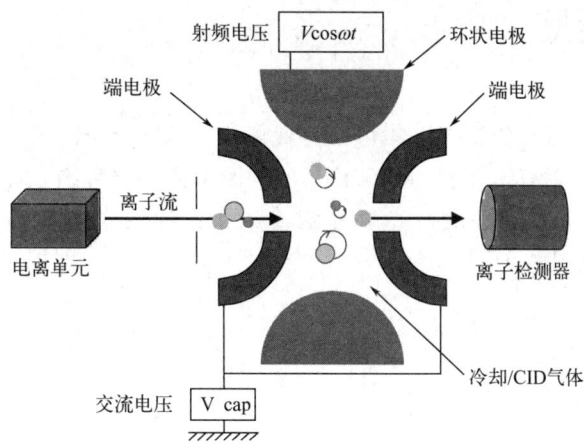

图 4.5　离子阱质量分析器　　图 4.5（彩）

在飞行时间质谱仪（TOF MS）中，离子源中产生的离子经电压 V 加速后获得的速度为：

$$v=\sqrt{\frac{2ze V}{m}} \tag{4.9}$$

经过长度为 L 的漂移管到达探测器，离子飞行需要的时间：

$$t=\frac{L}{v}=L\sqrt{\frac{m}{2ze V}} \tag{4.10}$$

两个质量分别为 m_1、m_2 的离子的飞行时间差为：

$$\Delta t=\frac{L(\sqrt{m_1}-\sqrt{m_2})}{\sqrt{2ze V}} \tag{4.11}$$

仪器的分辨率可以近似地由时间表示：

$$\frac{m}{\Delta m}\approx\frac{t}{2\Delta t} \tag{4.12}$$

TOF MS 的分辨率更高，分辨率达到几万的高分辨 TOF MS 可以对质荷比相近的离子进行区分，但因为精度高，环境温度等因素可能导致飞行管长度变化以及电子学器件的输出变化，最终导致质量偏移，因此，需要实时质量校准或每天质量校准。

（6）傅里叶变换离子回旋共振质谱（FT-ICR MS）

傅里叶变换离子回旋共振（FT-ICR）是一种超高分辨率的质谱技术，它的分析室是一个置于均匀（超导）磁场中的立体方腔。加在垂直于磁场的捕集电极上的低直流电压形成一个静电场将离子"拘禁"于室中。通过发射电极向离子加一个射频场，若射频电压的频率正好与离子回旋的频率相同，离子将共振吸收能量，轨道半径逐步增大，在接收电极上将产生镜像电流，其频率对应离子的质量。在傅里叶变换质谱中，离子产生以后，随即加一个频率范围覆盖了所有感兴趣的离子的脉冲射频。脉冲结束后，所有受激离子诱导的镜像电流在接收电路上形成各自的时阈衰减信号，经过傅里叶变换转变为与质量相关的频阈谱图。

FT-ICR MS 分辨率高，容易区分相同标称分子量的离子，例如 N_2、C_2H_4、CO，分辨率高达 250000，对推断精确的经验式极有价值，可测的离子质量范围宽可达 10^3，可用于研究气相离子反应。

4.1.4　质谱扫描模式

（1）全扫描

也称全离子扫描。全扫描数据采集可以得到化合物的准分子离子，从而可判断出化合物的分子量，用于鉴别是否有未知物，并确认一些判断不清的化合物，如合成化合物的质量及结构。二溴乙酸、一溴一氯乙酸、二氯乙酸、一溴乙酸的电喷雾电离-三重四极杆质谱（ESI-tqMS）全扫描见图 4.6（a）。

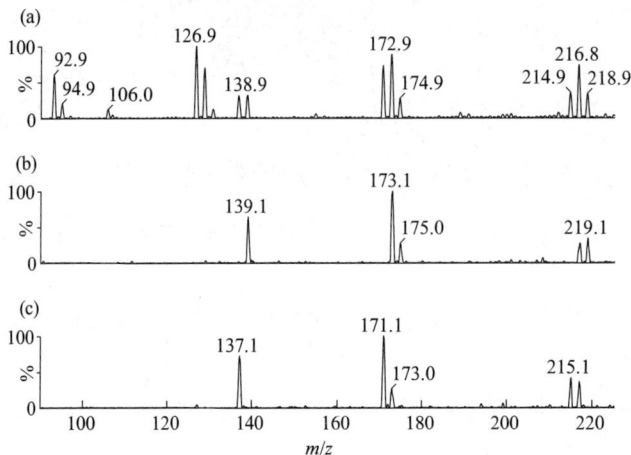

图 4-6　二溴乙酸、一溴一氯乙酸、二氯乙酸、一溴乙酸的 ESI-tqMS 全扫描（a），
溴离子母离子扫描图（$m/z=81$）（b）和（$m/z=79$）（c）

（2）选择离子监测（SIM）

又称单离子监测，所有质量分析器只扫描并记录一个 m/z 值的离子。对于已知的化合物，这种扫描模式可以大大降低背景干扰，排除其他离子的干扰，提高某个 m/z 值离子的灵敏度。若几种目标化合物用同样的数据采集方式监测，那么可以同时测定几种离子。SIM的灵敏度要比全扫描高 2～3 个数量级，峰形及重现性也较好，但 SIM 绝对信号较低，不能进行未知物的鉴定。

（3）子离子扫描

一般需要串联质谱实现该功能，一级质量分析器选定特定 m/z 值的离子，在碰撞室内被带电的碰撞器破碎形成碎片离子，然后碎片离子在二级质量分析器中被检测和记录。子离子扫描通常用来验证或判断化合物的结构信息，对羟基苯甲酸三个分子离子（$m/z=$293、295、287）的子离子扫描图如图 4.7 所示。

（4）母离子扫描

需要串联质谱实现该功能，一级质量分析器让一定 m/z 范围的所有离子从小到大或从大到小逐一通过，在碰撞室内被带电的碰撞器破碎形成碎片离子，然后设定特定 m/z 值的离子经过第二级质量分析器，能形成特定 m/z 值离子的母离子的 m/z 值被记录。溴离子母离子扫描图（$m/z=81$、$m/z=79$）分别见图 4.6（b）和图 4.6（c）。

（5）中性丢失扫描

中性丢失扫描分析可用来鉴定和确认类型已知的化合物，例如新生儿遗传疾病筛查中某些检测项目，也可以帮助进行未知物结构判断，例如有中性丢失 18Da 的意味着 18-H_2O、

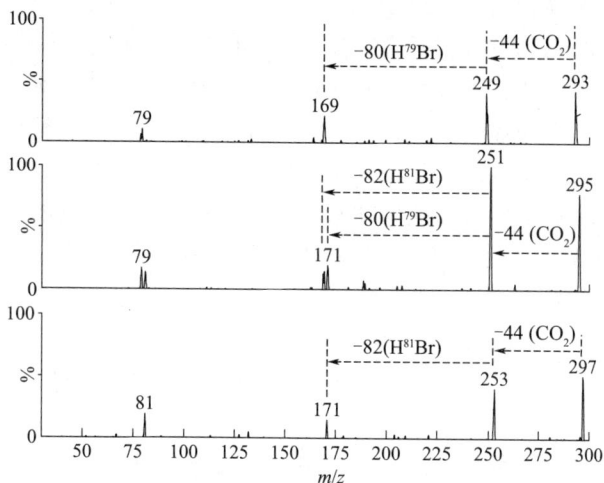

图 4.7 对羟基苯甲酸三个分子离子（$m/z=293$、295、287）的子离子扫描图

28-CO、30-HCOH、32-CH$_3$OH、44-CO$_2$ 等等。

（6）多重反应扫描（MRM）

需要串联质谱实现该功能，一级质量分析器让某个 m/z 值的离子通过，在碰撞室内被带电的碰撞器破碎形成碎片离子，然后某已知的子离子（特定 m/z 值）通过第二级质量分析器并检测记录，通过对数据的统计分析从而获取质谱定量信息。对于已知的化合物，这种扫描模式可以大大降低背景干扰，排除其他离子的干扰，提高检测灵敏度。通常 MRM 比 SIM 在物质定性鉴别及定量上更准确，但是 MRM 比 SIM 的信号强度低，有时也会影响定量的准确性。

4.2 色谱-质谱联用技术

对于复杂的环境样品，直接采用质谱分析，定性和定量都很困难。将色谱和质谱技术进行联用，发挥了色谱仪的高分离能力和质谱的准确测定分子量和结构解析的能力，因而被广泛应用。常见的色谱-质谱联用技术包括气相色谱-质谱（GC-MS）、液相色谱-质谱（LC-MS）、气相色谱或液相色谱-串联质谱（GC/LC-MS/MS）及毛细管电泳-质谱（CZE-MS）等。联用的关键是解决色谱与质谱的接口及相关信息的高速获取与储存问题。

4.2.1 气相色谱-质谱联用（GC-MS）

GC-MS 是两种气相分析方法的结合，GC 形同 MS 的进样系统，MS 形同 GC 的检测器。由于质谱是对气相中的离子进行分析，因此 GC 与 MS 的联机困难较小，主要是解决压力上的差异。色谱是常压操作，而质谱是高真空操作，关键技术是色谱出口与质谱离子源的连接。

GC-MS 可以在有标准品的情况下根据色谱保留时间定性，同时还可以从目标化合物的色谱峰处调出质谱图，和标准谱库进行比对，确定待测组分可能的结构及其他相关信息。如果没有标准品，可以利用质谱测定化合物特征离子并与标准质谱图库比对进行结构解析。最常见扫描方式是全离子扫描和选择性离子扫描。GC-MS 可以在色谱峰分离不完全的情况下，采用选择性离子扫描，利用其各自特征离子保留时间的差异，根据化合物特征离子的峰面积或峰高与相应待测组分含量的比例关系对其中的化合物分别进行定量分析。

谱图检索程序。GC-MS 的技术目前比较成熟，操作软件系统中配有谱图检索程序，被测物在标准电离方式——电子轰击（EI）离子源 70eV 电子束轰击下，电离形成质谱图。利用谱库检索程序可以在标准谱库中快速地进行匹配，得到相应的有机化合物名称、结构式、分子式、分子量和相似度。目前国际上最常用的质谱数据库有：NIST 库、NIST/EPA/NIH 库、Wiley 库等。另外，用户还可以根据需要建立用户质谱数据库。

GC-MS 广泛应用于水中挥发性有机物（酚类、石油烃类等）分析，大气有机物（多环芳烃、亚硝胺等）分析，沉积物中有机物（酚类、烃类、多氯联苯并芘-二噁英、多氯联苯呋喃、农药等）分析，砷、硒、汞和铅形态分析。其在食品中的应用越来越广泛，主要应用于食品的检测分析，如农药残留量的测定、食品风味成分的检测、油脂及脂肪酸的测定、食品添加剂的测定及调味品和酒类检测。

对于生物样本（如尿、血、组织、唾液以及细胞等）中氨基酸、有机酸、多糖、胆固醇、维生素、酰胺、多胺、多醇、脂肪酸、激素、核苷酸、磷酸酯、多肽等小分子代谢物而言，GC-MS 具有灵敏度高、分辨率强、重现性好以及高通量的优点。在代谢组学的分析策略中，不同类型的样品通过不同的提取方法和衍生反应方法获得相应的 GC-MS 总离子流色谱图，然后经过数学转化得到不同生理或病理状态下的机体的代谢谱，并建立数学模型，获得体内内源性代谢物的变量，再利用 MS 中强大的谱库检索系统或谱图解析功能进行分析，最后解释这些代谢物变化的生物学意义。例如基于 GC-MS 分析技术的代谢轮廓谱观察到尿毒症患者与正常人代谢物中氨基酸（缬氨酸、亮氨酸、异亮氨酸）和脂肪酸（肉豆蔻酸、亚油酸）的异常变化，且被测物质灵敏度、稳定性非常好。GC-TOF MS 和 GC+GC/TOF MS 技术中 TOF MS 的快速扫描和强大的反卷积功能为生物样本的分析提供了高分辨率和高灵敏度的保证，也逐渐被用于代谢组学中尿、血、组织的研究。

4.2.2　液相色谱-质谱联用（LC-MS）

LC-MS 联用仪对高极性、热不稳定、难挥发的大分子（如蛋白质、核酸、聚糖、金属有机物等）均能够分析。LC 流动相为极性较强的液体且组成复杂，液相色谱与质谱的联机必须通过"接口"完成。"接口"的作用为将溶剂及样品气化，分离掉大量的溶剂分子，完成对样品分子的电离，在样品分子已电离的情况下最好能进行碰撞诱导断裂。LC-MS 中的"接口"（同时具有电离功能）方式主要有电喷雾电离及大气压化学电离。LC-MS 联用仪在临

二维码 4-1

床医学、环保、化工、中草药研究等领域得到了广泛的应用。LC-APCI-MS 见图 4.8，液质联用系统结构与操作见二维码 4-1。

（1）液相色谱-质谱联用技术应用于环境分析

用于土壤、饮用水、废水、空气或污泥等多种样品的分析，从非极性碳氢化合物到离子型有机金属物质。农药和除草剂，包括三嗪衍生物、氯酚、苯氧烷酸和磺酰脲类除草剂，都可以用液相色谱-质谱联用技术进行分析，也可以用该技术分离多环芳烃和有机金属化合物。

（2）液相色谱-质谱联用技术应用于食品安全分析

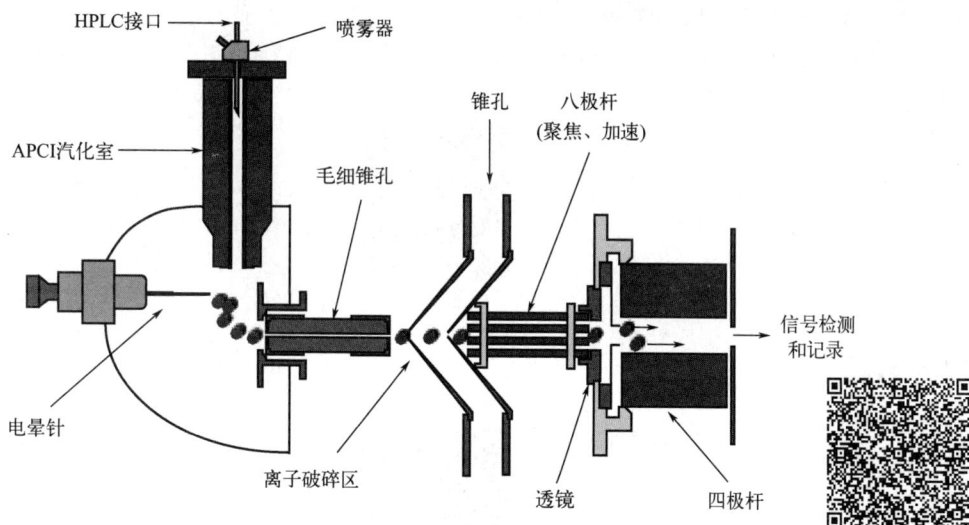

图 4.8　LC-APCI-MS

图 4.8（彩）

液质联用技术能够快速简便地检测肉制品中的氯霉素、氟苯尼考、雪卡毒素等有害物质，特别是在检测农药残留方面，快捷有效。

（3）液相色谱-质谱联用技术应用于药物成分分析与毒理学分析

液相色谱-质谱联用技术广泛用于药物成分的测定，特别是光学活性药物的分离。研究人员还利用液相色谱-质谱联用技术对天然产物（如复合脂质、生物碱和不饱和脂肪酸）粗混合物中的组分进行分离和表征。

在药物监测方面，液相色谱-质谱联用技术已用于免疫抑制剂（他克莫司、环孢素、依维莫司、西罗莫司和霉酚酸）、氨基糖苷类药物、抗癌药物和抗逆转录病毒药物的分析检测。

（4）液相色谱-质谱联用技术应用于生物医学研究

液相色谱-质谱联用技术可用于体液中的类固醇药物及内源性类固醇激素的检测，具有很高的灵敏度。在有先天性肾上腺增生症的患者中主要检测唾液中类固醇激素。唾液中的激素含量因不受唾液酶及唾液流动率的影响，故可作为衡量血液中类固醇激素生物活性含量的重要指标。

4.3　质谱及其联用技术的应用案例

（1）国家、地方和行业标准中的应用

目前很多质谱联用技术被国家、地方和行业标准采用，如表 4.2。

表 4.2　质谱联用技术的应用

标准号	检测对象	仪器设备	检出限/定量限
DB 32/T 4004—2021	全氟丁酸（地表水）	高效液相色谱串联三重四极杆质谱仪＋ESI 源	0.3mg/L（检出限）、1ng/L（定量限）
DB 42/T 1790—2021	百草枯和敌草快（地表水）	液相色谱-质谱/质谱仪＋ESI 源	2.0μg/L（定量限）
GB/T 32883—2016	六溴环十二烷（电子电气产品）	高效液相色谱-质谱仪＋ESI 源	30、20、25mg/kg（检出限）
SN/T 5308—2021	甲苯（食品级润滑油）	气相色谱-质谱联用仪＋EI 源	0.1mg/kg（检出限）
HJ 1243—2022	2-—溴联苯（土壤和沉积物）	气相色谱-高分辨质谱仪＋EI 源	0.01～0.1μg/kg（检出限）

（2）高分辨率质谱应用案例

高分辨率质谱应用案例见二维码 4-2。

二维码 4-2

课后习题

第四章习题

第五章 光谱分析技术与应用

5.1 光谱分析导论

5.1.1 光的基本性质和光谱分析法分类

光是一种以极大速度通过空间传播能量的电磁波，包括无线电波、微波、红外光、可见光、紫外光、X 射线和 γ 射线。光具有波动性和微粒性，它可以用波长 （λ）、频率 （ν）、能量 （E） 等物理量来描述其性质。

$$E = h\nu = h\frac{c}{\lambda} \tag{5.1}$$

式中，E 为光量子能量，eV；λ 为波长，cm；ν 为频率，Hz；c 为光速，真空中为 2.9979×10^{10} cm/s；h 为普朗克 （Planck） 常数，6.62607×10^{-34} J·s。

电磁波谱如表 5.1 所示，不同光段具有不同的能量，射线的波长最短，能量最大。

表 5.1 电磁波谱

光谱区	波长范围	光量子能量/eV	跃迁能级类型
γ 射线	<0.005nm	>2.5×10⁵	核能级
X 射线	0.005~10nm	2.5×10⁵~1.2×10²	内层电子能级
远紫外光	10~200nm	1.2×10²~6.2	
近紫外光	200~400nm	6.2~3.1	原子及分子的价电子或成键电子能级
可见光	400~800nm	3.1~1.7	
近红外光	0.75~2.5μm	1.7~0.5	分子振动能级
中红外光	2.5~50μm	0.5~2.5×10⁻²	
远红外光	50~1000μm	2.5×10⁻²~1.2×10⁻³	分子转动能级
微波	1~300mm	1.2×10⁻³~4.1×10⁻⁶	
射频	>300mm	<4.1×10⁻⁶	电子自旋、核自旋

光谱分析法是利用物质的光谱进行定性定量和结构分析的一类方法，简称光谱法。光谱法可分为原子光谱和分子光谱。原子光谱是由原子外层或内层电子能级的变化产生的，表现形式为线光谱，分析方法包括原子发射光谱、原子吸收光谱、原子荧光光谱和 X 射线荧光光谱。分子光谱是由分子中的电子能级、振动能级和转动能级的变化而产生的，表现形式为带光谱，分析方法包括红外吸收光谱、紫外-可见吸收光谱、分子荧光和磷光光谱法等。分

子光谱比原子光谱复杂很多，它能够研究物质的分子结构。图 5.1 为分子中电子能级、振动能级和转动能级示意图。

依照光（电磁辐射）与物质相互作用的形式，光谱法可以分为许多种类，其中吸收光谱法、发射光谱法和散射光谱法是三种最常见的类型。吸收光谱法包括原子吸收光谱法、紫外-可见分光光度法等，发射光谱法包括原子发射光谱法、原子荧光光谱法等，拉曼散射光谱法是利用小部分被样品散射到各个方向光的特殊变化——Raman 位移，研究化合物结构的方法。

5.1.2　吸收和发射光谱法的定量原理

光吸收的基本定律为朗伯-比尔定律。

$$A = -\lg T = abc \qquad (5.2)$$

式中，A 为溶液的吸光度；T 为透光度；a 为吸光系数，$L/(g \cdot cm)$；b 为吸收层厚度，

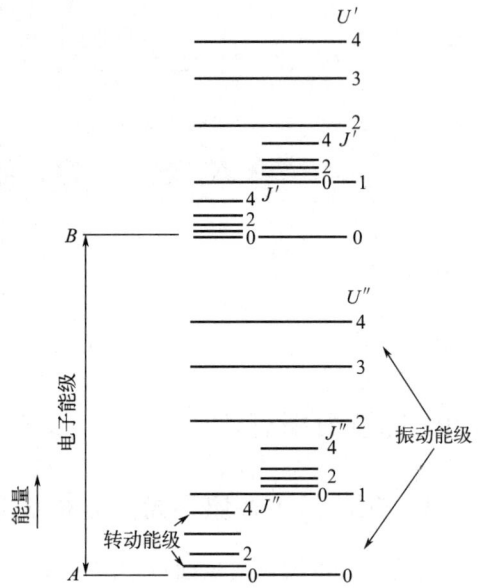

图 5.1　分子中电子能级、振动能级和转动能级示意图

cm；c 为吸光质点的浓度，g/L。当 c 的单位为 mol/L 时，朗伯-比尔定律可以写成

$$A = -\lg T = \varepsilon bc \qquad (5.3)$$

式中，ε 为摩尔吸光系数，$L/(mol \cdot cm)$。

在热能激发发光过程中，一定实验条件下发射光谱的强度和浓度关系可以用赛伯-罗马金公式描述。

$$I = ac^b \qquad (5.4)$$

式中，I 为光谱强度；b 为自吸系数，与谱线的自吸收现象有关，b 随浓度 c 增加而减小，当浓度较高时，$b < 1$，当浓度很小无自吸时，$b = 1$，因此，在定量分析中，选择合适的分析线是十分重要的；a 是与试样蒸发、激发过程以及试样组成有关的一个参数。

在光致发光过程中，物质吸收光能跃迁至激发态，当回到低能态或基态时将发射辐射，这种光谱就是原子荧光光谱、分子荧光光谱和磷光光谱。在分子荧光和原子荧光中发光强度 I_L 为

$$I_L = 2.303 \Phi I_0 \varepsilon bc \qquad (5.5)$$

式中，Φ 为荧光量子效率；I_0 为入射光的强度；ε 为摩尔吸光系数，$L/(mol \cdot cm)$；b 为光程长度；c 为吸光质点的浓度，mol/L。在 I_0 一定时，上式可以写成

$$I_L = kc \qquad (5.6)$$

5.2　原子吸收光谱法

5.2.1　原子吸收光谱概述

原子吸收光谱法（AAS）是基于蒸气相中被测元素的基态原子对其原子共振辐射的吸

收强度来测定试样中被测元素含量的一种方法。不同原子的结构不同，原子能级图就不同。原子吸收光谱的波长（λ）或频率（ν）与产生吸收跃迁的两能级的能量差 ΔE 之间的关系遵从普朗克公式。

　　原子吸收光谱的谱线并不是一条严格的几何线，由于多普勒变宽、洛伦兹变宽、赫鲁兹马克变宽和自然变宽等因素影响，原子吸收光谱在有限的非常窄的频率范围内有一定的宽度和形状，即谱线轮廓。但是谱线轮廓宽度仅有 m 数量级，一般光谱仪无法实现谱线轮廓的积分。直到 1955 年 Walsh 提出采用锐线光源测量吸收线峰值吸收的办法才使这一困难得以解决。锐线光源是指能发射出谱线半宽度很窄的发射线光源。发射线也有谱线宽度，但控制好光源条件，会比吸收线的谱线宽度窄许多。Walsh 用峰值吸收代替积分吸收，峰值吸收值的测定，只需使用锐线光源，不必使用高分辨率的单色器就可以实现。当使用锐线光源时，测得的吸光度与原子蒸气中待测原子的基态原子数和原子蒸气的厚度的乘积成线性关系。为了实现峰值吸收的准确测定，需要使用的锐线光源应与待测元素一致。

　　在实际工作中，试样中某元素的浓度（c）与气态原子数（N）之间总保持一种稳定的比例关系，因此在一定浓度范围内和一定火焰宽度（L）的情况下满足

$$A = K'c \tag{5.7}$$

　　式中，A 为吸光度；c 为待测元素的浓度，mg/L 或 mmol/L；K' 为系数，在一定实验条件下 K' 为常数。

　　此式表示在一定实验条件下，吸光度与浓度的关系遵循朗伯-比尔定律。这就是原子吸收光谱分析的定量依据。

5.2.2　原子吸收分光光度计

　　原子吸收光谱法所用的仪器称为原子吸收分光光度计。它主要包括光源、原子化器、单色器、检测器和信号记录五部分。仪器可分为单道单光束型仪器和双光束型仪器。原子吸收光谱法原理见图 5.2。

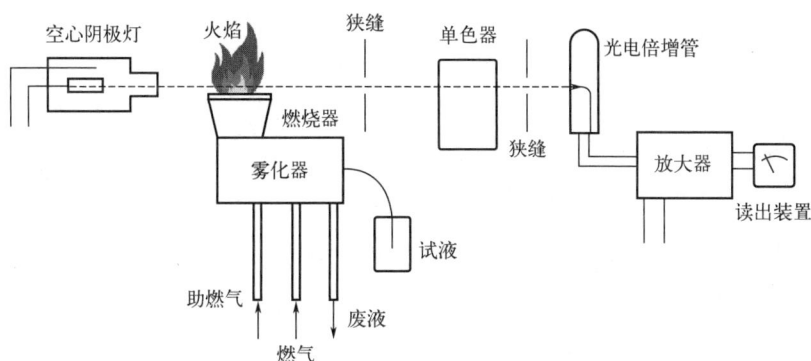

图 5.2　原子吸收光谱法原理图

　　光源的作用是发射待测元素的特征辐射，该辐射应满足锐、强、稳的要求。最常用的光源是空心阴极灯。另外，高强度空心阴极灯、无机放电灯、激光等也可作为原子吸收分光光度计的光源。

　　原子化器的作用是将样品中的待测元素转变成基态原子，待测元素由试样转入气相并解离为基态原子的过程，称为原子化过程。依照原子化器的不同，实现原子化的方法分为火焰

原子化法和非火焰原子化法。非火焰原子化器也称炉原子化器，例如电加热石墨炉（管）原子化器和电加热石英管原子化器，本质上是利用电能的高温加热放置在石墨容器中的试样，以实现试样的蒸发和原子化。

原子吸收分光光度计的光学系统包括单色器和外光路两部分，利用特征光谱、峰值吸收的方法测定待测元素。检测系统包括检测器和信号记录两部分。检测器多采用光电倍增管作为光电转换元件。

5.2.3 原子吸收分光光度法定量分析

（1）标准曲线法

配制一系列低浓度到高浓度的标准溶液，依次测定吸光度，绘制吸光度-浓度标准曲线（也称工作曲线或校正曲线）。在相同的实验条件下，测得待测试样的吸光度，查标准曲线，求得待测元素的浓度或质量。标准曲线准备过程中要注意合适的浓度范围（线性范围），待测元素浓度较高时，曲线会向浓度坐标弯曲。

（2）标准加入法

当样品组成不确定、组分复杂或基体干扰难以克服时，可以采用标准加入法进行测定。

准备几份等体积的待测样品（通常≥4 份），从第 2 份起，分别加入已知不同量的待测元素标准溶液，定容（保证最后所有溶液体积相同或精确已知）。例如，设试样中待测元素的浓度为 c_x，加入标准溶液后的浓度分别为 c_x+c_0、c_x+2c_0、c_x+4c_0，在标准测定条件下分别测得吸光度 A_0、A_1、A_2、A_3，以 A 对 c 作图，便得到标准加入法曲线（图 5.3）。图中曲线截距 A_0 正是试样中待测元素所引起的效应，外延曲线与横坐标相交，交点至原点的距离所对应的 c 值，经稀释比换算后，即所求的试样中待测元素的浓度 c_x。

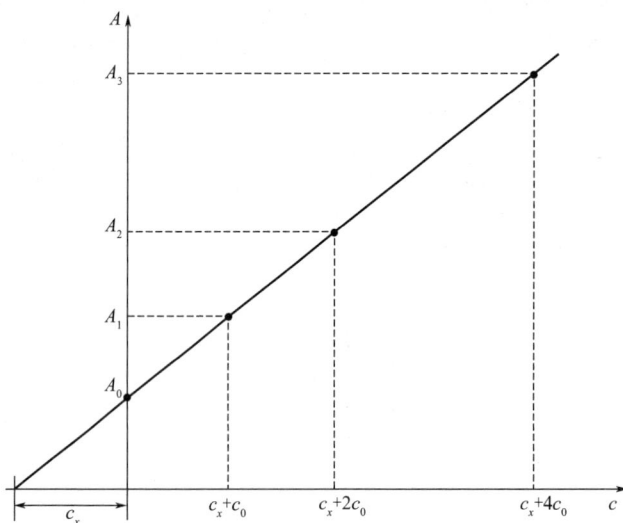

图 5.3 标准加入法曲线

（3）灵敏度

在原子吸收光谱中习惯于用特征灵敏度（S）来表示，特征灵敏度指能产生 1‰ 吸收信号（即吸光度为 0.00434）时所对应的待测元素浓度［式(5.8)，又称相对灵敏度，火焰原子吸光度法常用］或质量［(式(5.9)，又称绝对灵敏度，非火焰原子吸光度法常用］：

$$S = \frac{0.00434c}{A} \quad\quad (5.8)$$

$$S = \frac{0.00434Vc}{A} \quad\quad (5.9)$$

式中，S 为灵敏度；c 为待测元素的浓度，mg/L 或 mmol/L；V 为待测样品的体积，L；A 为吸光度。

（4）检出限

检出限定义为在给定的分析条件和某一置信水平下可被检出的最低浓度或最小质量。原子吸收分光光度法中用被测元素吸光度变化达到 3 倍标准偏差（s）时对应的浓度或质量表示。

$$LLD = \frac{c \times 3s}{A} \text{ 或 } D_m = \frac{m \times 3s}{A} \quad\quad (5.10)$$

5.2.4　原子吸收光谱法在环境分析监测中的应用

原子吸收光谱法由于灵敏度高、检出限低、操作简单等优点，已经成为世界各国对于金属元素的环境分析标准方法。原子吸收分光光度法能够测定的元素见图 5.4。目前该法应用在我国地表水、地下水、海水、城市污水、工业废水、空气颗粒物、固体废物、城市垃圾、土壤等众多环境要素的监测中。原子吸收光谱法在水环境分析监测中的部分应用见表 5.2。

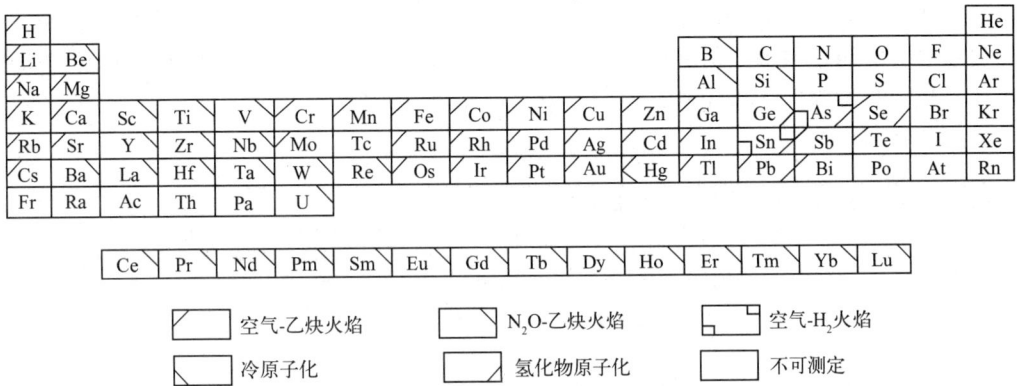

图 5.4　原子吸收分光光度法能够测定的元素

表 5.2　原子吸收光谱法在水环境分析监测中的部分应用

序号	分析元素	方法	特性谱线波长/nm	方法来源	适用范围
1	铜	直接法	324.7	GB 7475—87	0.05~5mg/L
		配位萃取法	324.7		1~50μg/L
2	锌	直接法	213.8		0.05~1mg/L
3	铅	直接法	283.3		0.2~10mg/L
		配位萃取法	283.3		10~200μg/L
4	镉	直接法	228.8		0.05~1mg/L
		配位萃取法	228.8		1~50μg/L
5	钾	直接法	766.5	GB 11904—89	0.05~4mg/L
6	钠	直接法	589.0		0.01~2mg/L
7	钙	直接法	422.7	GB 11905—89	0.1~6mg/L
8	镁	直接法	285.2		0.01~0.6mg/L

序号	分析元素	方法	特性谱线波长/nm	方法来源	适用范围
9	银	直接法	328.1	GB 11907—89	0.03~5mg/L
10	铁	直接法	248.3	GB 11911—89	0.03~5mg/L
11	锰	直接法	279.5		0.01~3mg/L
12	镍	直接法	232.0	GB 11912—89	0.05~5mg/L
13	汞	高锰酸钾-过硫酸钾消解法和溴酸钾-溴化钾消解法	253.7	HJ 597—2011	≥0.02µg/L（取样 100mL） ≥0.01µg/L（取样 200mL）
		微波消解法			≥0.06µg/L（取样 25mL）

5.3　原子发射光谱法

原子发射光谱（AES）是原子外层电子受外来能量激发后，从能量较高的激发态跃迁到较低能级或基态时发射的特征光谱。激发光源有等离子体、电弧、高压火花和激光探针等，目前最重要、应用范围最广的是离子体光源，包括电感耦合等离子体（ICP）光源、直流等离子体光源和微波等离子体光源。原子发射光谱光源特性见表5.3。

表 5.3　原子发射光谱光源特性

光源	蒸发温度	激发温度/K	放电稳定性	应用范围
火焰	低	1000~5000	好	溶液、碱金属、碱土金属定量分析
直流电弧	800~3800 K	4000~7000	稍差	难挥发元素定性、半定量及低含量杂质定量分析
交流电弧	低，比直流电弧低	比直流电弧略高	较好	矿物、低含量组分定量分析
高压火花	低，比交流电弧低	瞬间 10000	好	高含量金属与合金、难激发元素的定量分析
ICP	很高	6000~10000	很好	溶液、合金的定量分析

5.3.1　电感耦合等离子体发射光谱法

在等离子体光源中ICP的应用最为广泛，ICP工作过程如图5.5所示。以电感耦合等离子体为光源的原子发射光谱法称为ICP-AES。

ICP-AES 的性能和特点如下：

（1）原子化和激发能力强

ICP的轴向通道气体温度高达7000~8000K，具有较高的电子密度和激发态的辅助气氩原子密度；同时可以控制样品在等离子体中有较长的停留时间，从而实现充分的挥发、原子化、离子化和有效的激发。

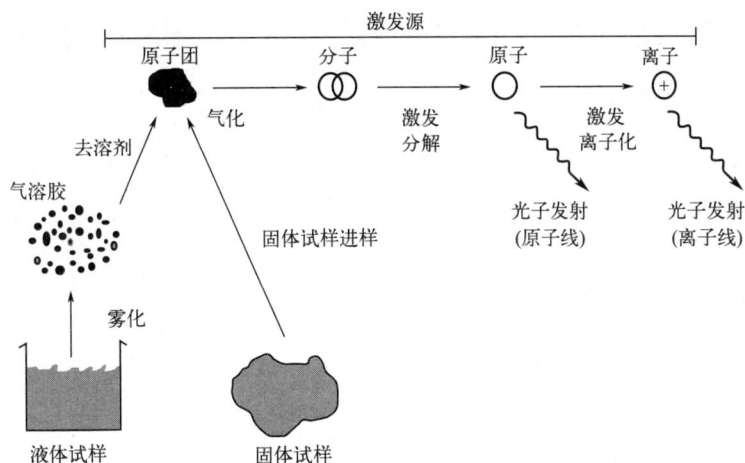

图 5.5　ICP 工作过程

（2）同时或顺序测定多元素

由于具有低干扰、高度稳定性的时间分布和线性范围宽的特点，ICP-AES 可以更方便地进行多元素的同时或顺序测定。但 ICP-AES 对非金属测定灵敏度不高，成本和运行费都较高。

（3）检出限低、准确度和精密度高、线性范围宽

大多数元素的检出限为 $0.1\sim100\mu g/L$，碱土元素小于 10^{-9} 数量级，相对误差小于 10%；在一般情况下，相对标准偏差 $\leq10\%$，当分析物浓度 ≥100 倍检出限时，相对标准偏差 $\leq1\%$。该法线性分析范围可达 5 个或 6 个数量级，所以可以用一条标准曲线分析某一元素从痕量到较高浓度的环境样品。

（4）干扰效应小

由于分析物在高温和氩气氛中进行原子化、离子化、激发，所以基体干扰小。在一定条件下，可配制一套标准，分析不同基体的元素。

（5）可以测定液体试样

ICP-AES 的进样类似于 AAS，可以测定液体试样。传统的 AES 方法中，由于激发光源的原因，只能以测定固体样品为主，液体样品测定的误差很大。

5.3.2　电感耦合等离子体-质谱法

电感耦合等离子体-质谱（ICP-MS）是 20 世纪 80 年代发展起来的无机元素和同位素分析测试技术，它是将电感耦合等离子体的高温电离特性与质谱相结合而形成一种高灵敏度的分析技术。ICP-MS 能够分析绝大多数金属元素和部分非金属元素，检出限能够达到 $1\times10^{-5}(Pt)\sim159(Cl)ng/mL$，分析速度快（每小时能分析 20 多个样品），精度高（RSD $<5\%$），离子源稳定性优良，从进样到数据处理的全程自动化和远程控制程度高。图 5.6 显示了 ICP-MS 的分析对象范围。

5.3.3　原子发射光谱法在环境分析监测中的应用

目前，ICP-AES 作为一种常量、微量及痕量元素分析的有效手段，成为环境试样中金属元素测定的有效方法之一。水、污水或废水中溶解态金属离子可以直接用 ICP-AES 测定。

检出限/(ng/mL)

四极杆ICP-MS
高分辨率ICP-MS
数值反映了超过1年的实际经验数据，
并从水溶液空白的3倍标准差计算得出

未通过ICP-MS测量

H																	He
Li 0.4 0.002	Be 0.04 0.003											B 0.5 0.28	C	N	O	F	Ne
Na 0.4 1.1	Mg 0.06 0.07											Al 0.02 0.2	Si N/A 0.6	P N/A 0.5	S N/A 1.1	Cl N/A 159	Ar
K N/A 0.15	Ca N/A 0.3	Sc 0.2 0.0004	Ti 1.3 0.04	V 0.001 0.001	Cr 0.2 0.004	Mn 0.01 0.03	Fe N/A 0.05	Co 0.0009 0.005	Ni 0.2 0.08	Cu 0.01 0.03	Zn 0.02 0.04	Ga 0.001 0.002	Ge 0.01 0.009	As 0.1 0.02	Se 0.3 0.01	Br	Kr
Rb 0.003 0.007	Sr 0.0004 0.005	Y 0.0001 0.0001	Zr 0.001 0.001	Nb 0.0002 1×10^{-9}	Mo 0.0007 0.006	Tc	Ru 0.001 0.0001	Rh 0.001 0.003	Pd 0.0001 0.0001	Ag 0.0009 0.003	Cd 0.003 0.002	In 0.0003 0.0005	Sn 0.003 0.008	Sb 0.0006 0.0006	Te 0.009 0.0001	I	Xe
Cs 0.001 0.0001	Ba 0.002 0.002	La 0.0001 0.0001	Hf 0.0005 0.0001	Ta 0.0002 3×10^{-5}	W 0.0007 0.001	Re 0.0002 0.001	Os 0.0003 0.001	Ir 0.0002 0.001	Pt 0.0005 1×10^{-5}	Au 0.002 3.1	Hg 0.6 0.06	Tl 0.0002 0.0001	Pb 0.001 0.0001	Bi 0.0003 0.0005	Po	At	Rn
Fr	Ra	Ac															

Ce 0.0002 0.001	Pr 0.0002 0.0001	Nd 0.0004 0.0002	Pm	Sm 0.0005 0.0001	Eu 0.0002 2×10^{-5}	Gd 0.0009 0.0001	Tb 0.0001 1×10^{-5}	Dy 0.0003 0.0001	Ho 0.0001 0.0001	Er 0.0003 0.0001	Tm 0.0001 0.0001	Yb 0.0004 2×10^{-5}	Lu 0.0002 1×10^{-5}
Th 0.0001 2×10^{-5}	Pa	U 0.0002 0.0003	Np	Pu	Am	Cm	Bk	Cf	Es	Fm	Md	No	Lr

图 5.6　ICP-MS 的分析对象范围

图 5.6（彩）

悬浮态金属离子可经酸消化处理后测定。一般情况下水中大多数金属离子含量很低，虽然 ICP-AES 有很高的灵敏度，但要直接测定痕量元素也是很困难的，因此，必须结合使用分离富集技术。分析大气微粒中的金属元素时，可用过滤器、碰撞取样器、冲击取样器、重力沉降器或静电除尘器等收集试样，然后样品消化后，进行 ICP-AES 分析测定。市政污泥以及工业、生活垃圾和土壤中的重金属等，均可以在溶出或消化后采用 ICP-AES 方法测定。

5.4　紫外-可见分光光度法

5.4.1　基本原理

紫外-可见分光光度法属分子吸收光谱，物质的大多数分子在室温时均处在基态的最低振动能级，当物质被光线照射时，其分子选择性地吸收了和它所具有的特征频率一致的光能后，会从基态转变为激发态。紫外-可见分光光度法利用溶液中的分子或基团在紫外和可见光区产生分子外层的电子能级跃迁，进行定性定量的测定。光谱区大约在 $200\sim800$nm 范围内，对物质进行定性定量分析的方法称为紫外-可见分光光度法（UV-Vis）。在环境分析监测中，该方法应用十分广泛。它是测定微量和半微量污染物质较重要和常用的监测技术之一。

紫外-可见分光光度法具有如下特点：

① 灵敏度高，检出限较低。一般绝对检出限为 $10^{-5}\sim10^{-6}$g/L。

② 准确度较高。相对误差为 $2\%\sim5\%$，控制测定精度可达到 $1\%\sim2\%$。

③ 仪器设备相对简单，操作简便、快速。

④ 应用范围广。在环境分析监测中，可直接或间接地测定所有的无机物和有机物。

⑤ 可同时测定多种组分。在一定条件下，选取某种波长的单色光，利用吸光度的加和性，可同时测定两种或多种组分。但紫外-可见分光光度法存在着由于谱线重叠而引起的光

谱干扰现象，所以有时选择性较差。

光吸收的强度和分析浓度遵守朗伯-比尔定律。常用摩尔吸光系数和桑德尔（Sandell）灵敏度来表示分光光度法的灵敏度。

摩尔吸光系数：$c=1mol/L$，$b=1cm$ 时的吸光度。

桑德尔（Sandell）灵敏度：对于截面积为 $1cm^2$ 的液层，在一定波长下，测得 $A=0.001$ 时所含待测物质的量。

5.4.2 紫外-可见分光光度计

紫外-可见分光光度法所使用的仪器为紫外-可见分光光度计，主要包括光源、单色器、吸收池（也称样品池）、检测器和信号指示系统（记录与数据处理）。

分光光度计主要分为单光束分光光度计、双光束分光光度计、双波长分光光度计、多通道分光光度计和探头式分光光度计，其中前三种较常用。

5.4.3 紫外-可见分光光度法定量分析

（1）标准对照法

在相同条件下，分别测定标准溶液和试样溶液的吸光度值，然后按照式（5.11）计算出试样溶液的浓度。

$$\frac{A_标}{A_样}=\frac{c_标}{c_样} \tag{5.11}$$

应用该方法，要求标准溶液和试样溶液的性质一致、浓度接近、测定条件一致，否则会有较大的误差。

（2）标准曲线法（工作曲线法）

见 5.2.3。

5.4.4 紫外-可见吸收光谱法应用案例

（1）国家和地方标准中的应用

紫外-可见吸收光谱法在行业和地方标准中都有应用，例如《固定污染源废气 氮氧化物的测定 便携式紫外吸收法》（HJ 1132—2020）、《固定污染源废气 二氧化硫的测定 便携式紫外吸收法》（HJ 1131—2020）、山东省地方标准《环境空气 硫化氢等气态污染物的测定 开放光程紫外吸收光谱法》（DB37/T 3786—2019），具体见表5.4。

表 5.4 紫外可见吸收光谱法在标准中的应用

污染物	分子式	吸收波段/nm	检出限/($\mu g/m^3$)	测定下限/($\mu g/m^3$)	标准号
一氧化氮	NO	200～235	1	4	HJ 1131—2020、HJ 1132—2020
二氧化氮	NO_2	220～250、350～500	2	8	
二氧化硫	SO_2	190～230、280～320	2	8	
硫化氢	H_2S	180～210	3	12	DB37/T 3786—2019
氨气	NH_3	185～220	2	8	
苯	C_6H_6	185～210、235～255	6	24	
甲硫醚	CH_3SCH_3	185～230	4	16	

污染物	分子式	吸收波段/nm	检出限/(μg/m³)	测定下限/(μg/m³)	标准号
二甲苯	C_8H_{10}	$185\sim220$、$240\sim280$	5	20	
甲硫醇	CH_3SH	$185\sim230$	7	28	
苯乙烯	C_8H_8	$185\sim290$	10	40	
甲醛	CH_2O	$185\sim210$、$260\sim360$	5	20	DB37/T 3786—2019
甲苯	$C_6H_5CH_3$	$185\sim220$、$240\sim265$	7	28	
二甲二硫	CH_3SSCH_3	$185\sim220$	10	40	
三甲胺	$(CH_3)_3N$	$185\sim250$	5	20	
二硫化碳	CS_2	$185\sim220$、$310\sim350$	2	8	

5.5　分子荧光和磷光光谱法

5.5.1　基本原理

分子被激发到较高的能级后不稳定，将通过不同途径释放多余能量回到基态，该过程可以用雅布朗斯基能级图（图 5.7）来定性地描述，这些途径包括振动弛豫、内转换、外转换、系间跨越，以及荧光发射和磷光发射。

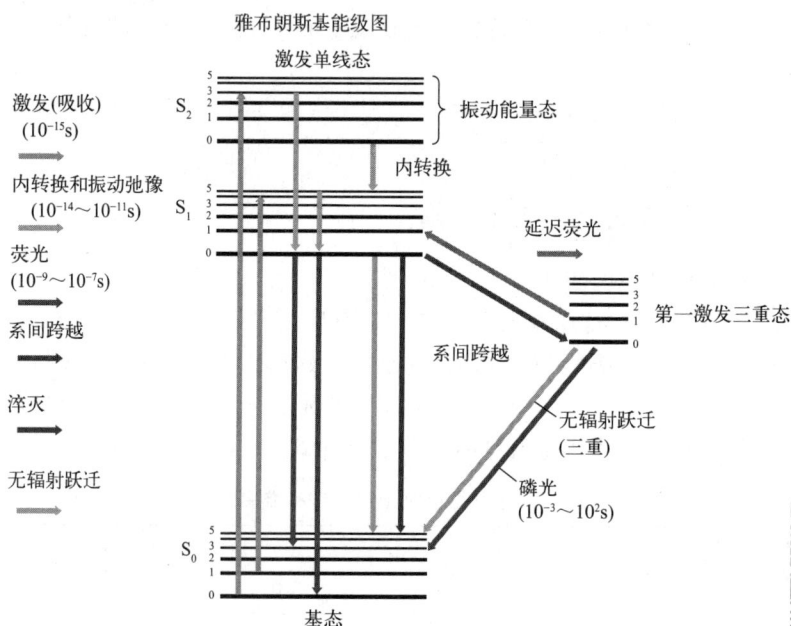

图 5.7　雅布朗斯基能级图

图 5.7（彩）

5.5.2　荧光发射

激发态分子从第一激发单线态 S_1（有时是 S_2、S_3，但很少）回到基态 S_0 伴随的光辐射称为荧光，荧光的发射过程约为 10^{-8} s。荧光分子都具备两种特征光谱，即激发光谱和发射光谱。固定某一发射波长，测定该波长下的荧光发射强度随激发波长变化得到的光谱，称为荧光激发光谱。固定某一激发波长，测定荧光发射强度随发射波长变化得到的光谱，称为荧光发射光谱，简称荧光光谱。同时扫描激发和发射单色器波长的条件下，获得的荧光强度-激发波长（或发射波长）曲线为同步荧光光谱。20 世纪 80 年代又发展出了三维荧光光谱，即通过测量荧光强度随激发波长和发射波长的变化得到的光谱图，也称总发光光谱图、等高线光谱图。

分子产生荧光必须具备两个条件，一是分子必须具有与所照射的辐射频率相适应的结构，才能够吸收激发光；二是分子吸收了与其本身特征频率相同的能量后，必须具有一定的荧光量子产率（发射荧光的激发态分子占总分子数的百分率）。具有大的共轭 π 键结构的分子可以产生荧光，共轭度越大，发射波长红移，发光强度增加。一般具有高度共轭稳定性的芳香族化合物有荧光，杂环芳烃无荧光，而其与苯环共轭就有荧光。具有刚性平面性结构的分子荧光量子产率高，例如芴的量子产率（1.0）远大于联苯（0.2）。给电子取代基使荧光强度增大，如烷基、—OH、—OCH_3、—NH_2、—CH_3 等使荧光强度增加；而吸电子取代基则降低荧光强度，如—COOH、RCO—、—NO_2 取代，猝灭荧光。荧光试剂与金属配合后，刚性增强，荧光也增强。另外，荧光分子在固体基质表面的荧光强度高于其溶液，也是被基质刚化了的缘故。另外，溶剂效应、温度、pH、荧光猝灭、内滤作用等环境因素也会对荧光产生影响。

荧光光谱仪又称荧光分光光度计，是用于扫描液相荧光标记物所发出的荧光光谱的一种仪器。它能提供激发光谱、发射光谱以及包括荧光强度、量子产率、荧光寿命、荧光偏振等在内的许多物理参数，从各个角度反映分子的成键和结构情况。通过对这些参数的测定，可以进行定量分析，还可以通过推断分子在各种环境下的构象变化讨论分子结构与功能之间的关系。荧光分光光度计的激发波长扫描范围一般是 190～650nm，发射波长扫描范围是 200～800nm，可用于液体、固体样品（如凝胶条）的光谱扫描。

一般的荧光分光光度计均为双光束仪器，用以补偿光源强度的漂移。荧光仪器的基本构成为光源、激发单色器、荧光池、发射单色器、检测器等。

5.5.3　荧光光谱法在环境分析监测中的应用

（1）痕量分析

荧光的定量灵敏度高。通过使用激光光源，荧光定量分析的灵敏度甚至可达 10^{-14} mol/L。使用激光光源的荧光分析法又称激光诱导荧光。根据待测组分的特性，除直接荧光法外，还可以采用荧光猝灭法进行痕量分析。

（2）发光探针

荧光探针在发光分析中应用广泛。除了用于荧光衍生化外，发光探针还可以是微环境探针，利用微环境极性、黏度等的不同引起发光探针的发光强度、发射波长或发光寿命等参数的改变；发光探针还可以是分子运动的探针，如通过荧光偏光的消失、激基二聚体的形成速度、猝灭反应速度等的测定探测生物膜中的分子运动特性。

（3）分子取向测定

通过荧光偏振的测定可以获得分子取向等结构信息。荧光体的偏振度与荧光体的转动速度成反比，荧光体越小，转动速度越快，其偏振越小。当小分子荧光体被连接到大分子蛋白质或抗体后，分子转动速度变慢，偏振度增大。因此，荧光偏振可用于免疫测试。

5.5.4 磷光发射

激发态分子经过系间跨越到达激发三重态后，经过迅速的振动弛豫到达第一激发三重态（T1）的最低振动能级，从 T1 态分子经发射光子返回基态，该过程称为磷光发射。磷光的寿命比荧光要长，约 $10^{-3} \sim 10^2 s$。

分子磷光光谱在原理、仪器（磷光分析仪）和应用等方面与分子荧光光谱相似。分子磷光的测定包括低温磷光和室温磷光。

5.5.5 磷光光谱法在环境分析监测中的应用

磷光光谱法在有机、生物、医药及临床检验等领域得到了应用。①黏稠芳烃和石油产物的分析。不少黏稠芳烃和杂环化合物被确认是致癌物质，因此是环境监测和石油产物分析的重要项目。②农药、生物碱和植物生长激素的分析。低温磷光法已用于分析双对氯苯基三氯乙烷（DDT）等农药，烟碱、降烟碱等生物碱，以及萘乙酸等生物生长激素。室温磷光法也被用于检测杀鼠灵、蝇毒灵、草萘胺等农药或植物生长激素。③药物和临床分析。磷光分析已广泛应用于生物体液中痕量药物的分析。例如人体血液中的阿司匹林、可卡因、普鲁卡因等药物以及双香豆醇、苯茚二酮等抗凝剂。室温磷光法可用于腺嘌呤、鸟嘌呤、色氨酸、酪氨酸、吲哚等生物分子的分析。

5.6 红外吸收光谱法

利用物质的分子对于红外辐射的吸收得到与分子结构相应的红外光谱图，从而来鉴定分子结构的方法，称为红外吸收光谱法。红外辐射的波长为 $0.78 \sim 40 \mu m$，其中应用最广的是 $2.5 \sim 15.4 \mu m$（约 $4000 \sim 650 cm^{-1}$），即红外光不足以使样品分子产生电子能级的跃迁，而只是振动能级与转动能级的跃迁。分子振动（伸缩振动和弯曲振动）伴随偶极矩改变时，分子内电荷分布变化会产生交变电场，当其频率与入射辐射电磁波频率相等时才会产生红外吸收。当一束具有连续波长的红外光通过物质，物质分子中某个基团的振动频率或转动频率和红外光的频率一样时，分子就吸收能量由原来的基态振（转）动能级跃迁到能量较高的振（转）动能级，分子吸收红外辐射后发生振动和转动能级的跃迁，该处波长的光就被物质吸收。所以，红外光谱法实质上是一种根据分子内部原子间的相对振动和分子转动等信息来确定物质分子结构和鉴别化合物的分析方法。除了少数同核双原子分子如 O_2、N_2、Cl_2 等无红外吸收外，大多数分子都有红外活性。

物质的红外光谱主要取决于物质的温度和化学组成，有共价键的化合物（包括有机物和无机物）都有其特征的红外光谱，除光学异构体和长链烷烃同系物外，几乎没有两种化合物具有相同的红外光谱。因此，红外光谱不但可以用来研究分子的结构和化学键，而且广泛地用于表征和鉴别各种未知化合物。人们只需要把测得未知物的红外光谱与标准库中的光谱进行对比，就可以迅速判定未知化合物的成分。

大量实验结果表明，有机分子的官能团具有特征红外吸收频率（图 5.8）。这对于利用红外谱图进行分子结构鉴定具有重要意义。

红外谱图有两个重要区域：$4000 \sim 1300 cm^{-1}$ 的高波数段和 $1300 cm^{-1}$ 以下的低波数段。前者称为官能团区，后者称为指纹区。含氢官能团（折合质量小）、含双键或三键的官能团

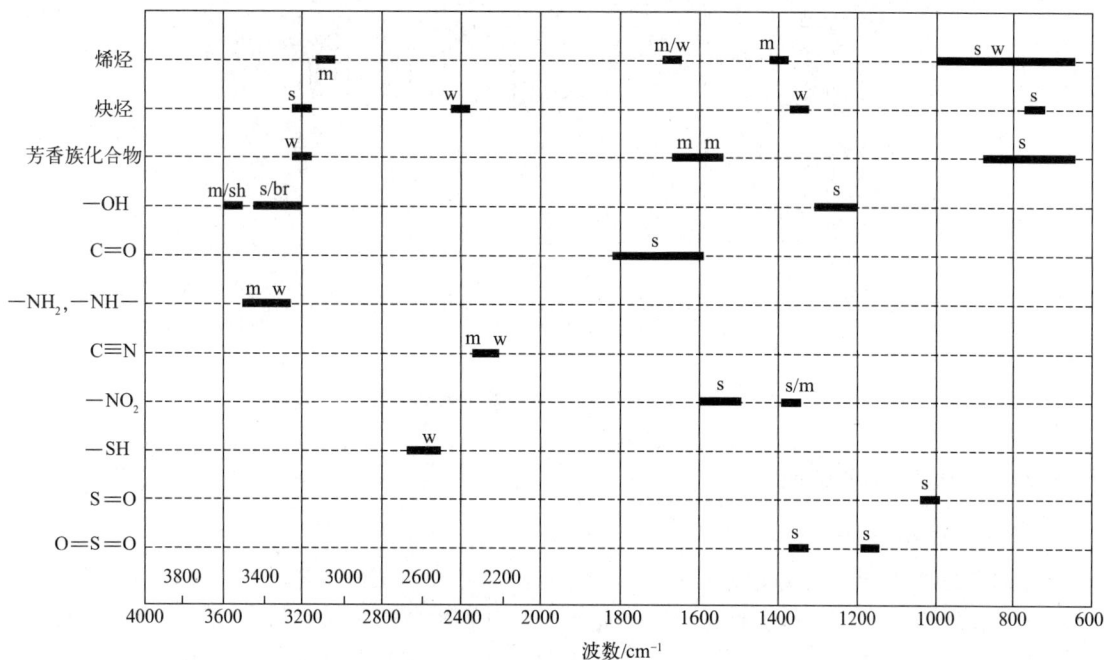

图 5.8　特征红外吸收频率

s—强峰；m—中峰；w—弱峰；m/sh—中等强度且尖锐的吸收峰；s/br—强吸收且宽泛吸收峰；

m/w—中等至弱的吸收峰；s/m—强至中等的吸收峰

（键力常数大）在官能团区有吸收，如—OH、—NH—、C=O 等重要官能团在该区域有吸收，它们的振动受分子中剩余部分的影响小。如果待测化合物在某些官能团应该出峰的位置无吸收，则说明该化合物不含有这些官能团。

不含氢的单键（折合质量大）、各键的弯曲振动（键力常数小）出现在 $1300\mathrm{cm}^{-1}$ 以下的低波数区。该区域的吸收特点是振动频率相差不大，振动的耦合作用较强，因此易受邻近基团的影响。同时吸收峰数目较多，代表了有机分子的具体特征。大部分吸收峰不容易找到归属，犹如人的指纹。因此，指纹区的谱图解析不易，但与标准图对照可以进行最终确认。指纹区还包含了分子的骨架振动。

5.6.1　傅里叶变换红外光谱仪

目前几乎所有的红外光谱仪都是以傅里叶变换为基础的。相比于傅里叶变换红外光谱仪，色散型仪器扫描速度慢，灵敏度低，分辨率低，因此局限性很大。傅里叶型仪器不用棱镜或者光栅分光，而是用干涉仪得到干涉图，采用傅里叶变换将以时间为变量的干涉图变换为以频率为变量的光谱图。傅里叶变换红外光谱仪主要由红外光源、光阑、干涉仪（分束器、动镜、定镜）、样品室、检测器以及各种红外反射镜、激光器、控制电路板和电源组成，可以对样品进行定性和定量分析。与传统仪器相比，傅里叶红外光谱仪具有快速、高信噪比和高分辨率等特点，以傅里叶变换为基础而催生的步进扫描、时间分辨、红外成像等新技术更加拓宽了红外光谱的应用，使得红外光谱技术的发展产生了质的飞跃。图 5.9 为傅里叶变换红外光谱仪的排列和工作示意图。

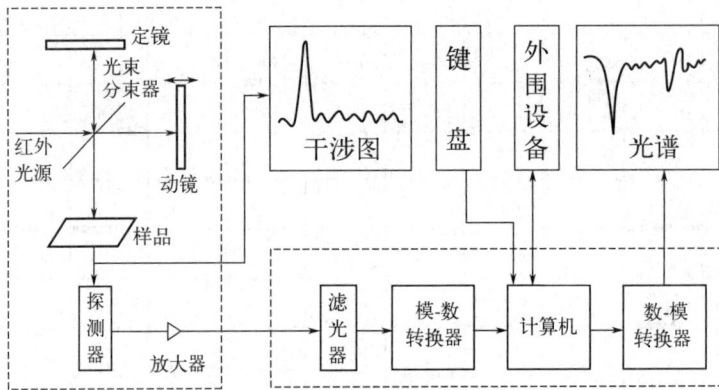

图 5.9　傅里叶变换红外光谱仪的排列和工作示意图

5.6.2　红外光谱的功能

（1）已知物的鉴定

将试样的谱图与标准或文献上的谱图进行对比，如果两张谱图各吸收峰的位置和形状完全相同，峰的相对强度一样，就可以认为样品是该种标准物；如果两张谱图不一样，或峰位不一致，则说明两者不为同一化合物。通常采用计算机谱图识别功能来进行相似度的判别。

（2）未知物结构的测定

测定未知物的结构是红外光谱法定性分析的一个重要用途。如果未知物不是新化合物，可以通过查阅标准谱图的谱带索引寻找相同的标准谱图，或者进行光谱解析，判断试样的可能结构，然后再由化学分类索引查找标准谱图对照核实。

还应注意样品的纯度以及样品的元素分析及其他物理常数的测定结果。元素分析是推断未知样品结构的另一依据。样品的分子量、沸点、熔点、折光率、旋光率等物理常数，可作光谱解释的旁证，并有助于缩小化合物的范围。

（3）确定未知物的不饱和度

由元素分析的结果可求出化合物的经验式，由分子量可求出其化学式，并求出不饱和度，从不饱和度可推出化合物可能的范围。不饱和度是表示有机分子中碳原子的不饱和程度，可以有助于官能团的推测。根据官能团的初步分析可以排除一部分结构的可能性，肯定某些可能存在的结构，并可以初步推测化合物的类别。如果样品为新化合物，则需要结合紫外、质谱、核磁等数据，才能决定所推测的结构是否正确。

（4）定量分析

红外光谱定量分析是通过对特征吸收谱带强度的测量来求出组分含量，其理论依据是朗伯-比尔定律。由于红外光谱的谱带较多、选择的余地大，所以能方便地对单一组分和多组分进行定量分析。此外该法不受样品状态的限制，能定量测定气体、液体和固体样品。因此，红外光谱定量分析应用广泛。但红外光谱法定量灵敏度较低，尚不适用于微量组分的测定。

5.6.3　红外吸收光谱法在环境分析监测中的应用

红外光谱对样品的适用性相当广泛，固态、液态或气态样品都能应用，无机、有机、高分子化合物都可检测。此外，红外光谱还具有测试迅速、操作方便、重复性好、灵敏度高、试样用量少、仪器结构简单等特点。

近 20 年来，中国科学院安光所环境光学中心 FTIR 团队率先建立了覆盖 400 多种挥发性有机物（VOCs）组分的超高分辨率红外光谱数据库；攻克了复杂背景、多干扰因子条件下的光谱定性识别与精准解析技术难题，开发了商业化在线分析软件；研发了具有独立自主知识产权的核心干涉仪模块，开发了开放光路面源排放 VOCs 气体分析仪、抽取式多组分 VOCs 气体分析仪、便携式多组分 VOCs 气体分析仪、傅里叶红外多组分 VOCs 遥测系统、车载 VOCs 排放通量遥测系统等一系列基于 FTIR 技术的 VOCs 气体监测设备，打破了国外技术垄断。

5.7 激光拉曼光谱法

5.7.1 拉曼散射原理

拉曼光谱是一种散射光谱。拉曼光谱分析法是基于印度科学家 C.V. 拉曼（Raman）所发现的拉曼散射效应，对与入射光频率不同的散射光谱进行分析以得到分子振动、转动方面信息，并应用于分子结构研究的一种分析方法。

光的散射是指光线通过不均匀介质一部分偏离原来传播方向的现象，从光频率是否改变的角度来划分，可以分为弹性散射和非弹性散射。弹性散射是指当用一定频率的激发光照射分子时，一部分散射光的频率和入射光的频率相等。只有分子和光子间的碰撞为弹性碰撞，没有能量交换时，才会出现这种散射，弹性散射包括米氏散射、瑞利散射等。而非弹性散射指散射前后光的波长发生了改变，例如拉曼散射、布里渊散射、康普顿散射等。大部分散射光发生的是瑞利散射，拉曼散射的概率极小，最强的拉曼散射也仅占整个散射光的千分之几，而最弱的甚至小于万分之一。拉曼散射过程中，处于振动基态或激发态的分子在光子作用下，被激发到高能级又回落到基态或激发态，散射光的能量发生改变形成拉曼线。在拉曼线中，把频率小于入射光频率的谱线称为斯托克斯线，而把频率大于入射光频率的谱线称为反斯托克斯线。拉曼谱线由分子振动决定，只与分子结构有关，与入射光频率无关。这意味着可以利用拉曼散射效应来检测和鉴定物质组成成分。由拉曼光谱可以获得有机化合物的各种结构信息：

① 同种分子的非极性键 S–S、C=C、N=N、C≡C 产生强拉曼谱带，从单键到双键到三键谱带强度增加。

② 红外光谱中，由 C≡N、C=S、S–H 伸缩振动产生的谱带一般较弱或强度可变，而在拉曼光谱中则是强谱带。

③ 环状化合物的对称呼吸振动常常是最强的拉曼谱带。

④ 在拉曼光谱中，X=Y=Z、C=N=C、O=C=O 这类键的对称伸缩振动是强谱带，反这类键的对称伸缩振动是弱谱带。红外光谱与此相反。

⑤ C–C 伸缩振动在拉曼光谱中是强谱带。

⑥ 醇和烷烃的拉曼光谱是相似的：（a）C–O 与 C–C 的力常数或键的强度没有很大差别；（b）羟基和甲基的质量仅相差 2 单位；（c）与 C–H 和 N–H 谱带比较，O–H 拉曼谱带较弱。

由于拉曼光谱技术与样品之间没有直接的接触，所以不会破坏样品的结构，因此可以用来检测珍贵的文物，而且，拉曼光谱需要检测的样品的量少，通常只需要毫克级别甚至微克级别样品，避免了需要大量制取样品的问题。拉曼光谱技术作为一种成熟的光谱分析技术，已发展了多种不同的分析技术，如表面增强拉曼光谱（SERS）、激光共振拉曼光谱（RRS）、共焦显微拉曼光谱、拉曼成像技术、针尖增强拉曼光谱（TERS）技术等。拉曼光谱与红外光谱对比分析见表 5.5。

表 5.5 拉曼光谱与红外光谱对比分析

参数	拉曼光谱	红外光谱
光谱范围	$40\sim4000cm^{-1}$	$400\sim4000cm^{-1}$
光源	汞灯或激光	Nernst 灯或硅碳棒
样品池	玻璃、石英	可透过红外的 NaCl、KBr、CsI、KRS-5 等材料制成窗片
测定范围	粉末、单晶、聚合物及水溶液	水溶液，单晶和聚合物的检测比较困难
溶剂	可以用水作溶剂	不可以用水作溶剂
测定时盛放样品的容器	样品可盛于玻璃瓶、毛细管等容器中直接测定	不能用玻璃容器测定
测定方法	固体样品可直接测定	需要研磨制成 KBr 压片
拉曼光谱与红外光谱相比	优点：对样品形貌、类型无要求，对样品无接触、无伤害，样品无须制备，所需样品少。缺点：荧光干扰，检测灵敏度低	

5.7.2 表面增强拉曼光谱技术

表面增强拉曼光谱（SERS）原理是基于电磁场增强（EM）和化学增强（CM），痕量分子吸附于金属胶粒和粗糙金属（如银、金、铜等）表面，克服了传统拉曼光谱一直以来的信号微弱的缺点，可以使得拉曼强度增大几个数量级。其增强因子可以高达 $10^{14}\sim10^{15}$ 倍，足以探测到单个分子的拉曼信号。

该技术优点：检测快速、灵敏度高、所需样品浓度低、无破坏性。其缺点是基衬重现性和稳定性难以控制。该技术主要用于分子的理化研究，病理分析、药物分析等研究领域，如 L-天冬氨酸在银胶中的吸附研究。

5.7.3 激光共振拉曼光谱技术

激光共振拉曼光谱（RRS）技术的原理是当激发光波长与分子的电子跃迁波长相等时将发生共振拉曼散射，激光频率与待测分子的某个电子吸收峰接近或重合时，信号增强 $10^2\sim10^6$ 倍。

该技术优点：灵敏度高，所需样品浓度低、量少等，特别适用于生物大分子试样检测。其缺点是荧光干扰，热效应，要求光源可调。该技术主要用于低浓度和微量样品检测，药物、生物大分子检测等领域，如色素蛋白的研究。

5.7.4 共聚焦显微拉曼光谱仪

共聚焦显微拉曼光谱技术通常是指装备有显微镜系统的拉曼光谱仪，其原理是使光源、样品、探测器三点共轭聚焦，消除杂散光，信号增强 $10^4\sim10^6$ 倍。

共聚焦显微拉曼光谱仪可以非破坏性地获得化学信息，分辨率可达光学衍射极限。因此可以实现在无需特殊样品制备的情况下，对同一样品的不同阶段进行观察和分析。共聚焦装置不仅可以从样品表面收集信息，还可以观测到透明样品的内部，甚至获得三维信息。

该技术优点：采用了低功率激光器，转换效率高、检测灵敏度高、时间短、所需样品量少、样品无须制备、所需样品浓度低、信息量大。其缺点是受荧光干扰。该技术主要用于电化学研究，宝石中细小包裹体的测量、检测，司法鉴定等领域。

5.7.5 针尖增强拉曼光谱技术

针尖增强拉曼光谱（TERS）技术增强原理为局域表面等离激元共振以及避雷针效应。该技术的优点是可以同时获得表面形貌和拉曼光谱（化学）信息；高灵敏度，可以研究光滑甚至单晶电极表面；可以判断吸附分子的取向；高空间分辨率，可以研究 nm 级不均匀性的体系；化学和物理作用分离，探讨表面增强拉曼光谱技术机理；可以直接验证电磁场增强机理。

5.7.6 拉曼成像技术

拉曼成像技术原理是以测试区域每一点的拉曼光谱为基础，统计分析得到整个区域内各种组分、各种特性的分布。拉曼成像可以表征不同组分的分布、某种特性的分布，发现或鉴定未知材料，对比成像和图像，定量或半定量分析，组分含量分析，颗粒分析等。

5.7.7 拉曼光谱在环境分析方面的应用

拉曼光谱灵敏度高、稳定性好、分辨率高、可实现原位检测，在环境分析监测中已得到广泛应用。例如，拉曼光谱可用于环境中有机污染物，如多环芳烃、多氯联苯、杀虫剂、有机磷等的检测，其中用于多环芳烃化合物检测时，通过修饰基底，可以有效降低检出限，实现痕量的检测。拉曼光谱也可以实现无机污染物，例如镉、汞等重金属的检测。同时该技术也可以用于检测环境中细菌、病毒等微生物，尤其是结合拉曼光谱和化学计量学的方法，可以快速、准确实现病毒的检测分区。

5.8 X射线衍射法

5.8.1 X射线衍射（XRD）原理

X 射线是波长在 $10^{-8} \sim 10^{-12}$ m 范围内，具有极强穿透能力的电磁波。X 射线与物质相互作用时，产生各种不同的和复杂的过程。就其能量转换而言，一束 X 射线通过物质时，可分为三部分：一部分被散射，一部分被吸收，一部分透过物质继续沿原来的方向传播。X 射线衍射原理见图 5.10。

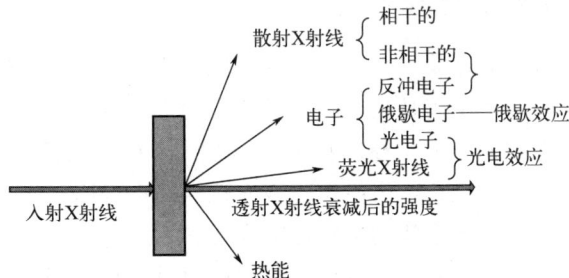

图 5.10 X 射线衍射原理

当 X 射线入射到晶体上时，每个原子都会散射 X 射线，且这些规则排列的原子之间的距离与入射 X 射线的波长具有相同的数量级。X 射线以特定角度散射，并且这些波形成相长干涉，这个现象叫作 X 射线衍射。

散射的 X 射线在某些方向上相位得到加强，从而显示与结晶结构相对应的特有的衍射现象。

通过成功测定金刚石的晶体结构，推导出了著名的布拉格方程，如式(5.12)：

$$2d\sin\theta = n\lambda \tag{5.12}$$

式中，d 为晶体平面之间的间距，nm；θ 为入射线（或反射线）与晶面的夹角，称为掠射角或布拉格角，(°)；2θ 为入射线与衍射线之间的夹角，称为衍射角，(°)；n 为反射的级，取整数；λ 为入射 X 射线的波长，nm。

布拉格方程的提出简单明确地阐明衍射的基本关系，是衍射分析中重要的基础公式，为 XRD 分析技术的发展奠定了基础。测定衍射方向可以确定晶胞的形状和大小，测定衍射强度可确定晶胞内原子的分布。

5.8.2　X 射线衍射法的主要应用

X 射线衍射技术是最基本、最重要的一种结构测试手段，其主要应用有以下几个方面：

（1）物相分析

物相分析是在金属分析中用得最多的方面，可进行定性分析和定量分析。定性分析是通过比较测得的材料点阵平面间距及衍射强度与标准物相的衍射数据，确定材料中存在的物相。定量分析是根据衍射花样的强度，确定材料中各相的含量。

（2）结晶度的测定

结晶度是指结晶部分质量与总的试样质量之比。测定结晶度的方法很多，但不论哪种方法都是根据结晶相的衍射图谱面积与非晶相图谱面积决定。

（3）精密测定点阵参数

精密测定点阵参数常用于相图的固态溶解度曲线的测定。另外通过点阵常数的精密测定可得到单位晶胞原子数，从而确定固溶体类型，还可以计算出密度、膨胀系数等有用的物理常数。X 射线衍射技术的主要应用见图 5.11。

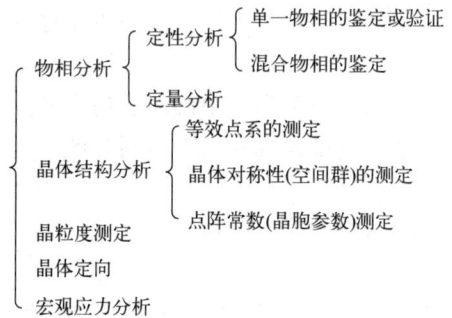

图 5.11　X 射线衍射技术的主要应用

5.9　核磁共振技术

5.9.1　核磁共振（NMR）原理

磁场的原子核如果遇到电磁波就会产生核磁共振现象。任何元素的原子核所带的自旋量子数目都是互不相同的，如果原子核所带的自旋量子数大于 0，磁场会随着量子自旋产生。在外磁场 B 中，原子核的取向（原子核的自旋量子数为 I）只能有（$2I+1$）种，这是由量子特殊性质决定的。所以严格说来，任何有磁矩的核素都可以通过核磁共振测量出来，但这只是一种理想状况，因为技术水平和测量的灵敏度还达不到要求，所以在实际应用中，核磁共振仪器只能测量氢核，也就是质子。氢核在外磁场中只有顺磁场方向和逆磁场方向两个取向，这是因为氢核自旋量子数 $I=1/2$，$2I+1=2$。

若在与稳定磁场垂直方向上加一射频磁场，当交变磁场的频率与氢核的核磁共振频率相同时，处于低能位的氢核将吸收能量，转变为高能态的核，这种现象被称为核磁共振。核磁共振波谱学是光谱学的一个分支，其共振频率在射频波段，相应的跃迁是核自旋在核塞曼能级上的跃迁。

核磁共振在仪器、实验方法、理论和应用等方面有了飞跃式的进步。谱仪频率已从 30MHz 发展到 1000MHz，工作方式从连续波谱仪发展到脉冲-傅里叶变换谱仪。随着多种脉冲序列的采用，所得谱图已从一维谱到三维谱，甚至更高维谱，所应用的学科已从化学、物理扩展到生物、医药等多个学科。

5.9.2　核磁共振技术在环境分析监测中的应用

核磁共振技术能够在不破坏物质内部结构的前提下迅速、准确地分析物质结构，从最初的物理学研究领域很快渗透到包括化学、生物学、地质学、医疗在内的各种学科之中，并在使用过程促进了相关学科的飞速发展。

（1）核磁共振技术在分子结构测定中的应用

利用 H、C、P 等核磁共振确定有机化合物分子结构和变化、原子的空间位置和相互间的关联。核磁共振技术发展最成熟、应用最广泛的是氢核共振，可以提供化合物中氢原子化学位移、氢原子的相对数目等有关信息，为确定有机分子结构提供依据。

（2）核磁共振技术在有机合成反应中的应用

核磁共振技术在有机合成中，不仅能对反应物或产物进行结构解析和构型确定，在研究合成反应中的电荷分布及其定位效应、探讨反应机理等方面也有着广泛应用。

（3）核磁共振技术在高分子化合物中的应用

核磁共振技术在高分子聚合物和合成橡胶中的应用包括共混及三元共聚物的定性、定量分析，异构体的鉴别，端基表征，官能团鉴别，均聚物立规性分析，序列分布及等规度的分析等。

（4）核磁共振技术在其他领域研究中的应用

利用核磁共振方法研究硅酸盐材料中硅结构的变化，可以知道水泥中硅的聚合度。在日用化学和食品工业中，使用核磁测量物质的含水量和含油量以及其他性质。在药学中可以用它分析各种中药和西药的结构。在膜的研究中，有关膜的制备及分离或合成物质的结构鉴定、物质结构环境的变化及跟踪膜催化的反应机理等需要 NMR 谱仪。

5.10　光谱分析技术的应用案例

（1）三维荧光定性定量分析案例（二维码 5-1）
（2）自由基检测技术简介（二维码 5-2）

二维码 5-1　　　二维码 5-2

课后习题

第五章习题

第六章　表面分析方法

6.1　表面分析导论

固体（包括固体材料、生物组织、微生物细胞等）表面与界面的表征已经成为现代环境科学研究的重要分析手段，利用表面与界面分析的各种手段，可以获得微观形态（例如空穴、凹陷、纹理等）、晶体界面形貌、元素、官能团等重要信息，为物理或化学吸附、化学氧化还原反应，甚至微生物活动等过程提供重要微观信息支撑。电子显微分析方法见表 6.1。

表 6.1　电子显微分析方法

方法或仪器名称（缩写）	技术基础（分析原理）	检测信息（物理信号）	样品	基本应用
透射电镜（TEM）	透射和衍射	透射电子和衍射电子	薄膜和复型膜	① 形貌分析(显微组织、晶体缺陷)； ② 晶体结构分析； ③ 成分分析(配附件)
高压透射电镜（HVEM）	透射和衍射	透射电子和衍射电子	薄膜和复型膜	① 形貌分析(显微组织、晶体缺陷、结构像、原子像)； ② 结构分析； ③成分分析(配附件)与电子结构分析
扫描电镜（SEM）	电子激发二次电子；电子吸收和背散射	二次电子、背散射电子和吸收电子	固体	① 形貌分析[显微组织、断口形貌、三维立体形(通过深侵蚀)]； ② 成分分析(配附件)； ③ 断裂过程动态研究； ④ 结构分析(配附件)
扫描透射电镜（STEM）	透射和衍射	透射电子和衍射电子	薄膜和复型膜	① 形貌分析(显微组织、晶体缺陷等)； ② 晶体结构分析； ③ 成分分析(配附件)与电子结构分析
电子探针（EPMA）	电子激发特征 X 射线	X 光子	固体	① 成分(元素)分析(离表面 $1\sim10\mu m$ 层内)：点分析、线分析、面分析； ② 固体表面结构与表面化学分析
俄歇电子能谱（AES）	电子激发俄歇效应	俄歇电子	固体	成分分析($\leqslant 1nm$，几个原子层内)：点分析、线分析、面分析，并可作深度剖析

续表

方法或仪器名称（缩写）	技术基础（分析原理）	检测信息（物理信号）	样品	基本应用
场发射显微镜（FEM）	（电）场致电子发射	场发射电子	针尖状（电极）	① 晶面结构分析； ② 晶面吸附、扩散和脱附等分析（分辨率一般可达 2.3nm，最高小于 1nm）
场离子显微镜（FIM）	场离子	正离子	针尖状（电极）	① 形貌分析（直接观察原子排列组态，即结构像、晶体缺陷像等）； ② 表面缺陷、表面重构、扩散等分析（分辨率可达 0.25nm）
原子探针-场离子显微镜（AP-FIM）	场蒸发	正离子	针尖状（电极）	① 确定单个原子（离子）种类； ② 元素分布研究（如晶界、相界元素偏聚和分布）； （AP-FIM 是各种质谱计与 FIM 相结合的装置，可有各种组合形式，且各具特色）
扫描隧道显微镜（STM）	隧道效应	隧道电流	固体（具有一定导电性）	① 表面形貌与结构分析（表面原子三维轮廓）； ② 表面力学行为、表面物理与表面化学研究（不能检测样品深层信息）
原子力显微镜（AFM）	隧道效应，并通过力传感器建立其针尖尖端上原子与样品表面原子间作用力（原子力）和扫描隧道电流的关系	隧道电流	固体（绝缘体、半导体、导体）	① 表面形貌与结构分析（接近原子分辨水平）； ② 表面原子间力与表面力学性质的测定
扫描电子声学显微镜（SEAM）	热弹性效应	声波	固体	① 材料力学性能与马氏体相变研究； ② 集成电路性能与缺陷分析

6.2　光子探针技术

6.2.1　X 射线光电子能谱及其在环境分析中的应用

X 射线光电子能谱（XPS）是对分析表面进行定性及定量元素分析的重要技术，主要给出表面的化学组成、原子排列、电子状态、元素价态等信息。需要注意的是 XPS 提供的半定量结果是表面 3～5nm 的成分，而不是样品整体的成分。固体样品中除氢、氦之外的所有元素都可以进行 XPS 分析。

（1）基本原理

当一束具有一定能量的 X 射线轰击固体表面（表面 3～10nm 深度）时，入射光子被吸收而原子或分子的内层电子或价电子受激发射出来，被光子激发出来的电子称为光电子。该光电过程的能量关系遵守爱因斯坦光电定律。假设 X 射线激出电子微 K 层电子，对于气体样品，该过程可用式(6.1) 表示：

$$E_b = h\nu - E_k \tag{6.1}$$

式中，E_b 为电子的结合能（即电离能）；$h\nu$ 为 X 射线的能量，h 为普朗克常数，ν 为入射光的频率；E_k 为动能。

对于固体样品，电子结合能可以定义为把电子从所在能级转移到费米能级所需要的能量，固体样品中电子由费米能级跃迁到自由能级所需要的能量称为逸出功或功函数（W_s），该过程可用式(6.2) 表示：

$$E_b = h\nu - E_k - W_s \tag{6.2}$$

式中，E_b 为电子的结合能（即电离能）；$h\nu$ 是 X 射线的能量，h 为普朗克常数，ν 为入射光的频率；E_k 为动能，可通过电子能量分析测得；W_s 是仪器的已知功函数。

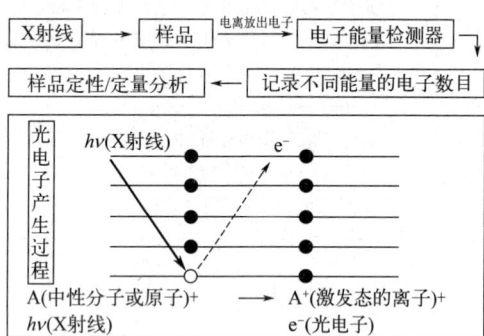

图 6.1　XPS 工作基本原理

这样可确定结合能 E_b，在能谱图上有一特征谱峰与其对应。由于不同原子中同一层上电子的束缚能 E_b 不同，因此可用 E_b 进行元素鉴定，这就是 XPS 元素定性分析的基本原理。由于原子所处的化学环境（与之相结合的元素种类和数量以及原子的化学价态）不同而引起的内层电子结合能的变化，称为化学位移。化学位移是判定原子化合态的重要依据，影响化学位移的因素是原子的初态效应和终态效应。XPS 工作基本原理见图 6.1。

（2）基础应用

① XPS 可以根据光电子的结合能定性分析物质的元素种类，这种直接进行元素定性的主要依据是组成元素的光电子线和俄歇线的特征能量值具有唯一性。

② 化学位移的分析、测定是判定原子化合态的重要依据。

XPS 定量分析多采用元素灵敏度因子法，该方法利用特定元素谱峰面积作参考标准，测得其他元素相对谱峰面积，求得各元素的相对含量。

XPS 是一种高灵敏超微量表面分析技术。样品分析的深度约 2nm，信号来自表面几个原子层，样品量可少至 10^{-8}g，绝对灵敏度可达 10^{-18}g。

（3）环境科学与工程中的应用

XPS 广泛应用于元素分析、多相研究、化合物结构鉴定、富集法微量元素分析、元素价态鉴定，此外在氧化、腐蚀、摩擦、润滑、燃烧、粘接、催化、包覆等微观机理的研究，污染化学、尘埃粒子研究等环保测定，分子生物化学以及三维剖析（如界面及过渡层的研究）等方面也有所应用。

图 6.2 为泡沫铜整体式催化剂 $CoCuO_x$ 用于 VOCs 催化氧化研究中 XPS 全谱图(a)、高分辨率 Cu 2p 光谱图(b)、高分辨率 Co 2p 光谱图(c) 和高分辨率 O 1s 光谱图(d)。

6.2.2　紫外光电子光谱法及其在环境分析中的应用

（1）基本原理

紫外光电子光谱法（UPS）又被称为光电发射光谱法（PES）。UPS 是通过测量紫外光

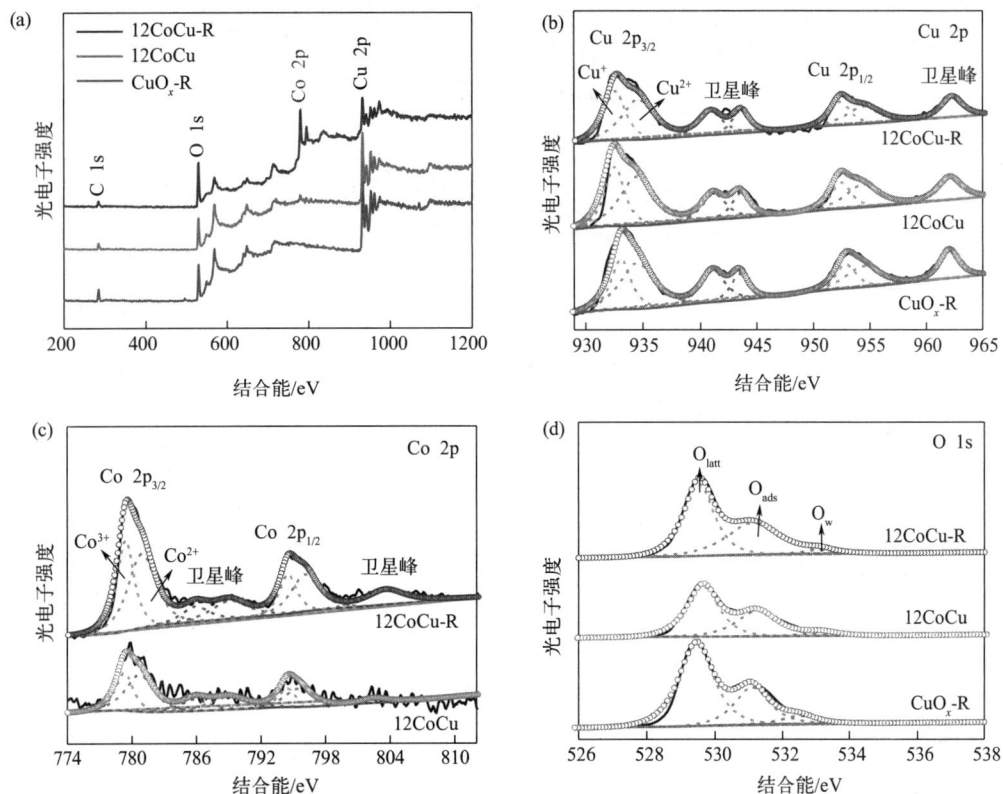

图 6.2　泡沫铜整体式催化剂 CoCuO$_x$ 用于 VOCs 催化氧化研究中 XPS 全谱图(a)、高分辨率 Cu 2p 光谱图(b)、高分辨率 Co 2p 光谱图(c)和高分辨率 O 1s 光谱图(d)

照射样品分子时所激发的光电子的能量分布，来确定分子能级的有关信息的谱学方法。UPS 是研究固体表面电子结构以及对吸附物质进行表征的重要技术之一。它的光源（真空紫外灯、同步辐射光源）通常辐射能级较低（10～40eV），因此只能使外电子层的电子发生能级电离。根据爱因斯坦公式，光电子的动能可以用式(6.3)表示。

图 6.2（彩）

$$E_k = h\nu - I \tag{6.3}$$

式中，E_k 为动能；h 为普朗克常数；ν 为入射光的频率；I 为占有轨道上的电子的电离能。

UPS 可以测量分子轨道的能量，分子的 UPS 谱图通常包含一系列的峰，每一组峰对应一个分子轨道的能级。UPS 的高分辨率使得谱图上可以反映出分子的振动能级的精细结构。一般来说，尖锐的单峰表示电离的电子来自非键轨道，而多重峰则表示电离的电子来自成键轨道或反键轨道。

（2）环境科学与工程中的应用

UPS 对于表面的微小变化有着十分灵敏的响应，经常用于研究固体表面的吸附现象与吸附过程中形成的化学键，以及被吸附物质的分子在固体表面的取向。UPS 可以用于测定固体的功函数。某研究中 COF-LZU1、Cu$_2$WS$_4$ 和 Cu$_2$WS$_4$/COFs 的紫外光电子能谱见图 6.3。

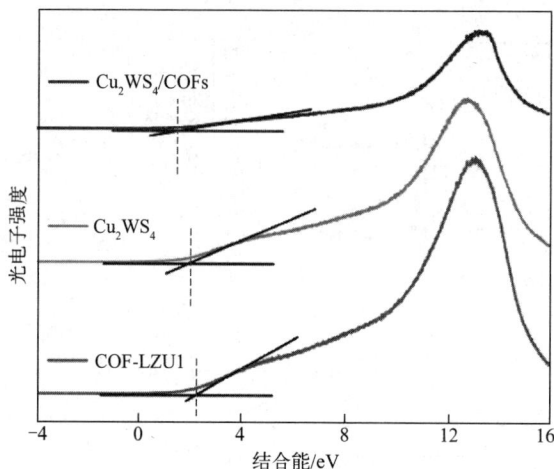

图 6.3 COF-LZU1、Cu_2WS_4 和 $Cu_2WS_4/COFs$ 的紫外光电子能谱

6.3 电子探针技术

电子探针技术是一种利用电子束轰击样品后产生的特征 X 射线进行微区成分分析的方法。电子探针技术的电子与靶原子作用的横截面积比光子探针要大，信号更强，具有更高的横向分辨率。

6.3.1 电子微探针法

电子微探针法又称电子探针 X 射线显微分析（EPMA）。该技术用聚焦的高速电子来激发出试样表面组成元素的特征 X 射线，从而对微区成分进行定性或定量分析。工作原理是以动能为 $1 \times 10^4 \sim 5 \times 10^4$ eV 的细聚焦电子束（直径约 $0.001 \sim 0.1 \mu m$）轰击试样表面，击出表面组成元素的原子内层电子，使原子电离，此时外层电子迅速填补空位而释放能量，从而产生特征 X 射线。分析特征 X 射线的波长（或能量）可知元素种类，分析特征 X 射线的强度可知元素的含量。该技术可以用来进行微区化学成分分析。

6.3.2 电子显微镜技术

电子显微镜是由于电子与物质相互作用会产生透射电子、弹性散射电子、能量损失电子、二次电子、背反射电子、吸收电子、X 射线、俄歇电子、阴极发光和电动力等，利用这些信息来对试样进行形貌观察、成分分析和结构测定的，主要分为扫描电子显微镜（简称扫描电镜，SEM）和透射式电子显微镜（简称透射电镜，TEM）两大类。

6.3.3 扫描电子显微镜法及其在环境分析中的应用

（1）基本原理

扫描电镜是用细聚焦的电子束轰击样品表面，通过电子与样品相互作用产生的二次电子、背散射电子等对样品表面或断口形貌进行分析。

二次电子是相对于入射电子的一种提法，是被高能入射（也称为一次或初次）电子束轰击出来的试样中的核外电子。由于原子核和外层价电子间的结合能很小，当原子的核外电子从入射电子那里获得大于相应结合能的能量后，就可脱离原子核的约束成为自由电子。如果这种脱离过程发生在试样表面和亚表面层，那么这些能量大于材料逸出功的电子就可以从试样表面逸出，就成为二次电子。二次电子的能量很低，一般不超过 50eV。二次电子一般都是在表层 5～10nm 深度范围内发射出来的，它对样品的表面形貌十分敏感，因此，能非常有效地显示样品的表面形貌。二次电子的产额和原子序数之间没有明显的依赖关系，所以不能用它来进行元素成分分析。

二次电子代表试样表面结构特征，被相应的探测器收集后作为扫描电镜的成像信号，称为二次电子像。二次电子像的衬度主要取决于试样表面与入射电子束所构成的倾角。对于表面有一定形貌的试样，其形貌是由许许多多与入射电子束构成不同倾斜角度的微小形貌组成，例如凸点、尖峰、台阶、平面、凹坑、裂纹和孔洞等，这些微小形貌发出的二次电子数各不相同，从而产生亮暗不一的衬度。

扫描电镜仪器包括电子光学系统、真空系统、信号收集处理系统、图像显示和记录系统、电气系统，SEM 构成及其工作原理如图 6.4。

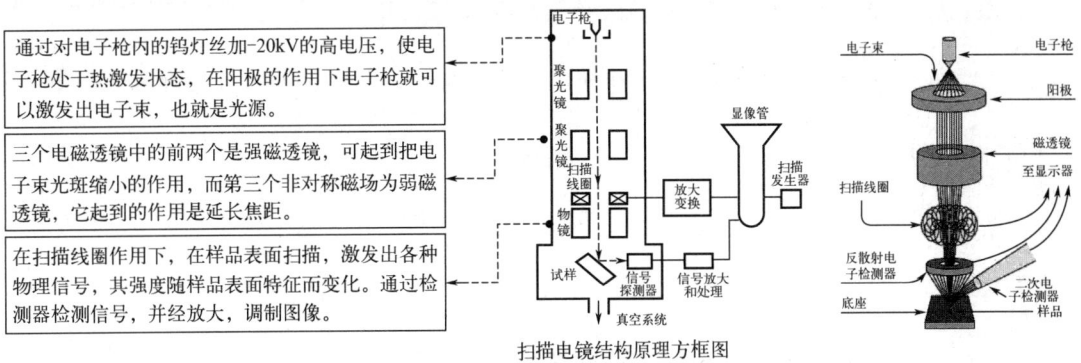

图 6.4　SEM 构成及其工作原理

（2）环境科学与工程中的应用

SEM 具有景深大、分辨率高、成像直观、立体感强、放大倍数范围宽以及待测样品可在三维空间内进行旋转和倾斜等特点，另外还具备可测样品种类丰富，几乎不损伤和污染原始样品以及可同时获得形貌、结构、成分和结晶学信息等优点。

图 6.5 为某研究案例污水中沉淀物的 SEM 图以及对应的蓝铁石晶体和石墨的能谱（EDS）图。

6.3.4　透射电子显微镜及其在环境分析中的应用

（1）基本原理

① TEM 是把经加速和聚集的电子束投射到非常薄的样品上，电子与样品中的原子碰撞而改变方向，从而产生立体角散射。散射角的大小与样品的密度、厚度相关，因此可以形成明暗不同的影像，影像将在放大、聚焦后在成像器件（如荧光屏、胶片以及感光耦合组件）上显示出来。图 6.6 展示了 TEM 的高能入射电子与薄样品相互作用产生的各类电子与光子，其中有三种典型的透射电子：透射电子或者未偏转电子（电子穿透样品后没有能量和动量的改变）；弹性散射电子，包括大角非相干弹性散射电子及相干弹性散射电子（衍射电子）；非弹性散射电子。同时还有三种向入射电子反方向散射或发射的电子：二次电子，这

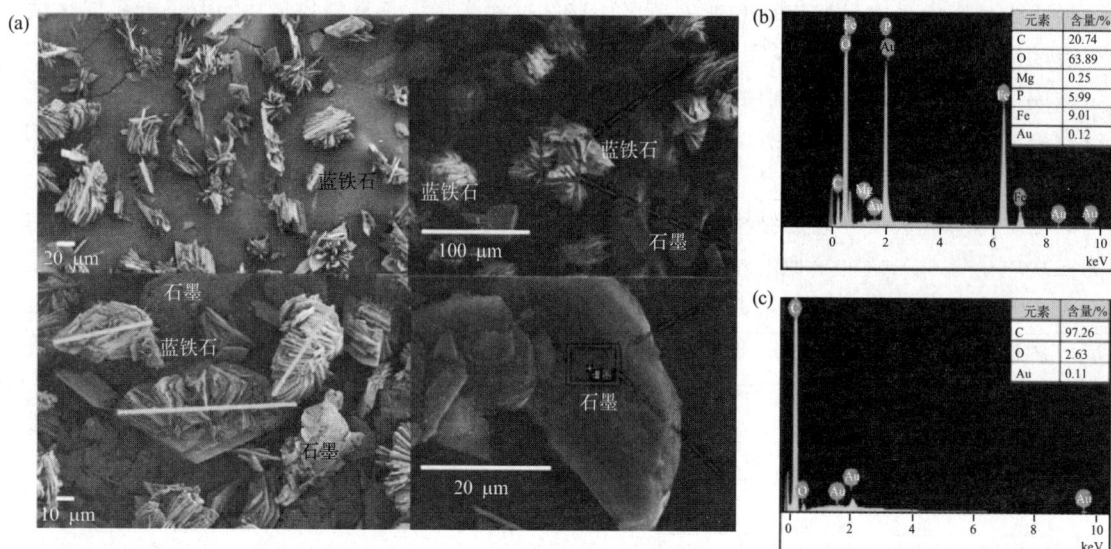

图 6.5 污水中沉淀物的 SEM 图 (a) 以及对应的蓝铁石晶体 (b) 和石墨 (c) 的能谱 (EDS) 图

图 6.5 (彩)

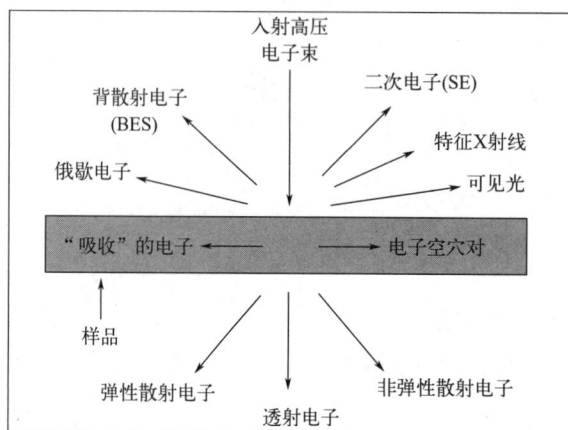

图 6.6 TEM 的高能入射电子与薄样品相互作用产生的各类电子与光子

是被入射高能电子从样品中击出的电子；入射电子与原子相互作用，处于激发态的原子退激发时产生的俄歇电子；和入射电子能量接近的背散射电子。

所有这些电子信号均可被用来成像、得到衍射斑点或提供谱的信息。另外，退激发的原子将发射连续或者特征的 X 射线以及可见光、荧光等。这些光子信号可以被收集来做样品成分的定性或定量分析，确定样品元素的分布。

TEM 由电子源、照明系统、成像系统和记录系统组成。电子从灯丝被发射出来，经过灯丝和阳极间的电势加速，利用会聚透镜和光阑把发射出来的电子会聚形成相应大小的电子束，用来照射样品。与样品相互作用后透射的电子被聚集在物镜的后焦面上并进入第一、第二极中间镜。投影镜形成最后的放大图像或衍射斑点，并投影呈现在荧光屏上。

目前 TEM 发展很快，表 6.2 列出了常用的几种透射电子显微镜的区别。

表 6.2　常用的几种透射电子显微镜的区别

项目	透射电子显微镜	高分辨率透射电子显微镜	扫描透射电子显微镜	透射电子显微镜+X射线能谱	透射电子显微镜+电子能量损失谱
缩写	TEM	HRTEM	STEM	TEM+EDS	TEM+EELS
区别	观察微观形貌和结构	分辨率可达到原子级别，观测材料精细结构	电子束逐点扫描样品区域并同步接收每一点透射电子	记录和分析样品原子退激发时发射的X射线信号	记录和分析透射电子能量损失分布

（2）环境科学与工程中的应用

TEM 可以用来观察固体粒子大小分布，观察粒子形貌、表面结构，用高分辨电子显微镜可用于同时研究催化剂最外表面的形貌及与其相连的晶体、亚表面结构等，也可用来研究金属和支持物之间的相互作用，还可研究粒子原子结构，得到晶面间距、晶格畸变及其对称性等信息。

6.3.5　俄歇电子能谱法及其在环境分析中的应用

（1）基本原理

俄歇电子能谱（AES）主要借由俄歇效应进行分析。这种效应产生于受激发的原子的外层电子跃迁至低能级所放出的能量被其他外层电子吸收使后者逃脱离开原子，这一连串事件称为俄歇效应，逃脱出来的电子称为俄歇电子。

在高能电子束与固体样品相互作用时，原子内壳层电子因电离激发而留下一个空位，较外层电子会向这一能级跃迁，原子在释放能量过程中，可以发射一个具有特征能量的 X 射线光子，也可以将这部分能量传递给另一个外层电子，引起进一步电离，从而发射一个具有特征能量的俄歇电子。检测俄歇电子的能量和强度可以获得有关表层化学成分的定性和定量信息。对于一个原子来说，激发态原子在释放能量时只能进行一种发射，即特征 X 射线或俄歇电子。

（2）环境科学与工程中的应用

适用于金属、半导体、电子材料、机械、陶瓷材料、纳米薄膜材料等的分析，适合微区分析。俄歇电子能谱能提供的信息包括：表面元素的定性鉴定、半定量分析，表面成分的微区分析，元素的深度分析、二维分析和化学价态分析。

6.4　表面分析方法的应用案例

（1）高级氧化催化材料表征案例1（二维码6-1）
（2）高级氧化催化材料表征案例2（二维码6-2）
（3）吸附催化材料表征案例（二维码6-3）

二维码 6-1　　二维码 6-2　　二维码 6-3

课后习题

第六章习题

第七章　电化学分析法及其应用

7.1　电化学分析法概述

溶液具有构成电池的电学性质（例如电极电位、电流、电量和电导等）和化学性质（化学组成、浓度等）。电化学分析法是依据溶液的电学及化学性质而建立起来的分析方法，是通过传感器-电极将被测物质的浓度转换成电学参数而加以测量的方法。电化学分析法通常使用专门设计的电化学分析仪器进行分析测试，因而具有简便、快速、应用范围广、易于实现自动分析和连续分析的特点，测定的灵敏度和准确度都很高。

电化学分析法通常包括电导分析法、电位分析法、电重量分析法（电解分析法）、库仑分析法、极谱分析法和伏安法。电导分析法是以溶液电导作为被测量参数的方法。电位分析法是通过测量电池电动势或电极电位来确定被测物质浓度的方法。电重量分析法是以电子为"沉淀剂"，使溶液中被测金属离子电积（析）在已称重的电极上，通过再称量求出析出物质含量的方法。库仑分析法是通过测量电解过程中消耗的电量求出被测物质含量的方法。伏安法或极谱分析法是利用电解过程中所得的电流-电位（电压）曲线进行测定的方法。

电化学工作站构成与操作见二维码 7-1。

二维码 7-1

7.2　电导分析法

根据溶液的电导来测定其所含离子的浓度的方法称为直接电导法（简称电导法），电导法只适用于测定试液中电解质总量或用于分析单纯物质。电导测量时，将样品溶液放在电导池中，将两个电极插入试液内，然后在恒温条件下由电导仪读出电导值（或电阻值）。电导分析法可以分析水样的电导率情况，也可用于滴定分析，例如《土壤　电导率的测定　电极法》（HJ 802—2016）。

7.3　电位分析法

电位分析法是在零电流条件下，通过测定原电池中两极间的电位差（即测量原电池的电动势）来确定被测物质的含量。电极电位与被测物质活度或浓度之间的关系（可逆电池）可以用能斯特（Nernst）公式(7.1)表示：

$$\varphi = \varphi^{\theta}_{\frac{Ox}{Red}} + \frac{RT}{nF} \ln \frac{a_{Ox}}{a_{Red}} \qquad (7.1)$$

式中，$\varphi^{\theta}_{\frac{Ox}{Red}}$ 是标准电极电位，V；R 是摩尔气体常数，为 8.314J/(mol·K)；T 是热力学温度，K；n 是反应中电子转移数；F 是法拉第常数，为 96485C/mol；a_{Ox} 是氧化态的活度；a_{Red} 是还原态的活度。

电位分析法的主要应用包括直接电位法和电位滴定法两大类。直接电位法是通过测量电池的电位差来确定指示电极的电位，然后根据 Nernst 公式计算被测物质的含量。电位滴定法是通过测量电极电位的变化来确定滴定终点。

电极电位的测量在一个由指示电极、参比电极、电解质溶液构成的化学电池中进行（图 7.1）。电解质溶液由被测试样与其他组分组成，将电极电位随被测物质活度变化的电极称为指示电极，而另一个与被测物质无关的、电位比较稳定的、提供测量电位参考的电极称为参比电极。电位分析法的指示电极种类很多，一种指示电极往往只能指示一种物质的浓度，如玻璃电极、氟离子选择电极、气敏电极、生物电极等。参比电极是决定指示电极电位的重要因素，常用的参比电极有甘汞电极和银-氯化银电极。

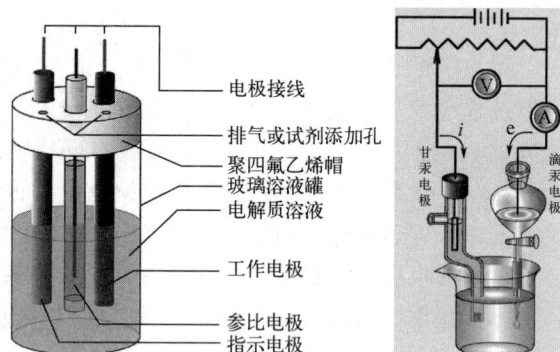

图 7.1　电极电位的测量装置

根据电位分析法设计的检测仪器应用非常广泛，例如常见的 pH 计，检测水中离子的氟离子选择电极、氰离子选择电极、硫离子选择电极、硝酸盐选择电极、钾微电极、重金属（铅、镉、银等）选择电极等，用于分析溶解在水中的气体或分子（CO_2、NH_3、氨基酸、脲等）的气敏电极（如 CO_2 气敏电极）。其在国家和行业标准中的应用有《固体废物　氟的测定　碱熔-离子选择电极法》（HJ 999—2018）、《水质　pH 值的测定　电极法》（HJ 1147—2020）、《水质　溶解氧的测定　电化学探头法》（HJ 506—2009）、《环境空气　氯气等有毒有害气体的应急监测　电化学传感器法》（HJ 872—2017）、《环境空气　氟化物的测定　滤膜采样/氟离子选择电极法》（HJ 955—2018）、《固定污染源废气　一氧化碳的测定　定电位电解法》（HJ 973—2018）、《固定污染源废气　二氧化硫的测定　定电位电解法》（HJ 57—2017）、《水质　阴离子洗涤剂的测定　电位滴定法》（GB/T 13199—1991）等。

7.4　电重量分析法和库仑分析法

（1）电重量分析法

电重量分析法和库仑分析法都是建立在电解过程基础上的一种电化学分析法，电解过程分为控制电位电解和控制电流电解两类，因此，建立在电解过程基础上的电重量分析和库仑分析法也相应地分为控制电位和控制电流两种分析方法。在电解池的两个电极上施加直流电压，直至电极上发生氧化还原反应，此时电解池中有电流流过，该过程称为电解。由实验可知，电解某电解质溶液时，加在电解池两惰性电极上的电压必须达到一定的数值，电解才能不断地进行，该电压就是分解电压。当外加电压很小时，仅有微小的电流（又称残余电流）通过电解池，当电压增加到分解电压 V 分解时，两电极上才发生连续不断的电极反应，电流明显增加，再继续增大外加电压，由电极反应产生的电流随电压的增大而直线上升。实际电解时所需的分解电压要比理论分解电压大，超出的部分是由于电极的极化作用引起的。极化是指电流流过电极时，电极电位偏离可逆电极电位的现象。电极的极化程度以某一电流密度下的电极电位与可逆电极电位的差值表示，该差值称为超电位或过电位。极化又分为浓差极化和电化学极化。实现电解的方式有恒电流电解、控制电位电解或控制外加电压电解三种，控制外加电压电解应用较少。

电重量分析法可以分为恒电流电解分析法和控制电位电解分析法。电重量分析法能用于物质的分离和测定，控制电位电解分析法主要用于物质的分离，从含少量不易还原的金属离子溶液中分离大量的易还原的金属离子。例如利用 Pt 阴极电解从铜合金（含 Cu、Sn、Pb、Ni 和 Zn）溶液中分离出 Cu。

（2）库仑分析法

库仑分析法是通过电解过程中消耗的电量对物质进行定量的方法。库仑分析法测定的先决条件是通入电解池的电流 100% 地用于工作电极的反应，没有漏电和其他副反应发生，即电极反应的电流效率为 100%，这样才能准确地根据所消耗的电量求得析出物质的量。库仑分析法的基本理论是法拉第定律，即若在电解过程中物质在电极的反应是唯一的电极反应，那么电极反应所消耗的电量与参加电极反应的物质质量成正比。法拉第定律是自然科学中比较严格的科学定律之一，它不受湿度、温度、大气压、溶液浓度以及电解质材料、形状、溶剂等的影响。

库仑分析法分为恒电流库仑分析法和控制电位库仑分析法。库仑分析法的主要应用形式是库仑滴定法，装置有库仑滴定装置和控制电位库仑分析装置。库仑分析法可以用于石油、食品、环保等方面的微量或常量分析，还可以测定微量硫、碳、氮、氧和卤素等，其在国家和行业标准中的应用有：《天然气 含硫化合物的测定 第 4 部分：用氧化微库仑法测定总硫含量》（GB/T 11060.4—2017）、《库仑法微量水分测定仪》（GB/T 26793—2011）、《有机化工产品试验方法 第 8 部分：液体产品水分测定 卡尔·费休库仑电量法》（GB/T 6324.8—2014）、《水质 可吸附有机卤素（AOX）的测定 微库仑法》（HJ 1214—2021）。

化学需氧量（COD）的测定。测定仪的分析原理是用一定量的 $KMnO_4$ 标准溶液和水样在加热条件下反应后，将剩余的 $KMnO_4$ 用电解产生的 Fe^{2+} 进行库仑滴定，根据产生 Fe^{2+} 需要的电量计算剩余的 $KMnO_4$ 的量，进而计算出 COD，见公式(7.2)。

$$COD = \frac{I(t_1 - t_2)}{96487V} \times \frac{32}{4} \times 10^{-3} \tag{7.2}$$

式中，I 是恒电流，A；t_1 是用电解产生的 Fe^{2+} 标定 $KMnO_4$ 浓度所需要的电解时间，s；t_2 是测定与水样作用后剩余的 $KMnO_4$ 浓度所需要的电解时间，s；V 是水样体积，mL。

7.5　极谱分析法和伏安法

极谱分析法和伏安法都是通过由电解过程中所得的电流-电位（电压）或电位-时间曲线进行分析的方法，区别在于极谱分析法使用的是表面能够周期更新的滴汞电极，伏安法使用的极化电极是固体电极或表面不能更新的液体电极。极谱分析法包括直流极谱法、单扫描极谱法、脉冲极谱法、卷积伏安法等各种快速、灵敏的现代极谱分析方法。极谱分析法可用于痕量物质的测定，还可用于化学反应机理、电极动力学及平衡常数测定等基础理论的研究。极谱分析法也可分为控制电位极谱法（如直流极谱法、单扫描极谱法、脉冲极谱法、溶出伏安法、循环伏安法等）和控制电流极谱法（如交流示波极谱法和计时电位法等），其在国标中的应用包括《水质　铅的测定　示波极谱法》（GB/T 13896—92）、《水质　二硝基甲苯的测定　示波极谱法》（GB/T 13901—92）。

（1）极谱分析的原理

在极谱分析中，主要观察极化电极在改变电位时相应的电流变化情况，即电流-滴汞电极电位曲线（$i-\varphi_{d.e}$ 曲线）。进行极谱分析时，外加电压（V）与作为阳极的饱和甘汞电极电位（$\varphi_{S.C.E}$）、作为阴极的滴汞电极电位（$\varphi_{d.e}$）、电流（i）及电路中总电阻（R）的关系可用公式(7.3) 表示：

$$V=(\varphi_{S.C.E}-\varphi_{d.e})+iR \tag{7.3}$$

电流 i 通常只有几微安，电解线路的总电阻 R 也不会太大，由于阳极的电极电位实际上保持不变，因此电压 V 可写成：

$$V=-\varphi_{d.e} \tag{7.4}$$

一般情况下，i-$\varphi_{d.e}$ 曲线与 i-V 曲线是完全等同的。扩散电流 i_d 的高度与溶液中离子浓度有关，因而可作为定量分析的基础。电流等于扩散电流一半时的滴汞电极的电位则称为半波电位 $E_{1/2}$，不同物质在一定条件下具有不同的 $E_{1/2}$，可作极谱定性分析的依据。

（2）溶出伏安法

溶出伏安法又称反向溶出极谱法，是一种重要的痕量分析方法。溶出伏安法把恒电位电解和溶出伏安结合在一个电极上进行，首先是使待测物质在适当条件下电解一段时间，将待测物质电解富集到一个微电极（悬汞电极或汞膜电极）上，在阴极上通过还原反应生成汞齐，此阶段是预电解阶段（又称富集阶段）；然后让溶液静止片刻后以等速度改变电极电位，即由负向正电位方向扫描，此时富集在微电极上的物质又重新在电极上被氧化进入溶液中，此阶段称溶出阶段。

（3）循环伏安法

循环伏安法加电压的方式是将线性扫描电压施加在电极上，电压与电流的关系为循环伏安图，如图 7.2 所示。起始电压 E 扫描至某一电压 E_i 后，再反向回扫至起始电压，呈等腰三角形。如果溶液中存在氧化态 O，当电位从正向负扫描时，电极上发生还原反应；反向回扫时，电极上生成的还原态 R 又发生氧化反应。如果需要可以进行连续循环扫描。对于可逆电极过程，峰电流符合 Randles-Sevcik 方程。循环伏安法可用于研究电极过程和化学修饰电极等。

电极过程的可逆性的判断。根据循环伏安图的阴极和阳极两个方向所得的氧化波和还原波的峰高和对称性可判断电活性物质在电极表面反应的可逆程度。若反应是可逆的，则曲线

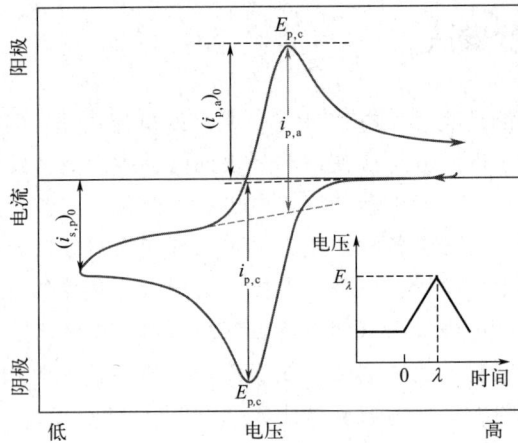

图 7.2　循环伏安图

上下对称；若反应不可逆，则氧化波与还原波的高度不同，曲线的对称性也较差。根据可逆性可将反应分为可逆反应、准可逆反应、不可逆反应，图 7.3 为反应可逆程度不同的循环伏安图。

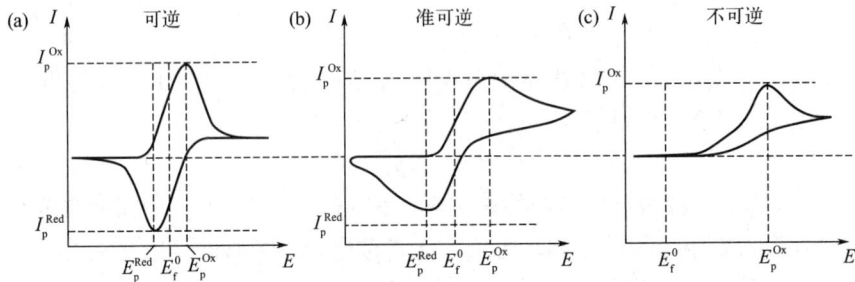

图 7.3　反应可逆程度不同的循环伏安图

① 电极参数的测定。例如根据循环伏安法计算电极的电容量，循环伏安图可用于计算 Tafel 斜率（以电位对电流密度的对数值作图，所得到曲线上的直线段的斜率），从而直观判断电催化活性。Tafel 斜率越小，表明速率决定步骤在多电子转移反应的末端，这通常是一个好的电催化剂的标志。

② 电极表面发生反应过程的分析判断。在循环伏安曲线中，扫描电压从负到正可以看为阳极氧化过程，对应氧化峰；反之为阴极还原过程，对应还原峰。一般而言，氧化还原峰的产生会伴随着氧化态物质和还原态物质的相互转变。多对氧化还原峰的出现说明在电化学的过程中可能存在多种物相转变。可以利用循环伏安曲线研究电极上的吸附现象，对于可逆电极反应，若反应物或产物在电极表面仅有弱吸附，循环伏安图形的变化不大，电流略有增加；若吸附作用强烈，循环伏安图会出现新的峰。

③ 化学修饰电极参数的研究。循环伏安法可为研究单分子层、多分子层和聚合物膜修饰电极提供许多有用的信息。对于单分子层修饰电极，从循环伏安曲线面积积分获得电量 Q（忽略双电层电容电流），求出电极表面电活性物质的总覆盖率（mol/cm^2），注意覆盖率与扫速电压无关，循环伏安曲线峰电流与电压成正比。

7.6 应用案例

电化学研究应用案例见二维码 7-2。

二维码 7-2

课后习题

第七章习题

第八章　分子生物学技术及其应用

8.1　现代分子生物学技术概述

分子生物学是从分子水平研究核酸、蛋白质等生物大分子的形态、结构特征及其重要性、规律性和相互关系的科学。现代分子生物学研究的终极目标是要在分子水平上阐明各种生命活动的规律，揭示生命的本质。20世纪50—70年代，脱氧核糖核酸（DNA）双螺旋结构模型（图8.1）的建立是现代分子生物学正式诞生的标志。DNA序列信息是由腺嘌呤（A）、胸腺嘧啶（T）、胞嘧啶（C）和鸟嘌呤（G）四种脱氧核苷酸按一定顺序排列组成的生物分子。DNA中的"储藏"决定该生物蛋白质和核糖核酸（RNA）结构的信息，在引导生物遗传进化及生命活动中有重要意义。分子生物学的发展不仅带动了整个生命科学的发展，也使得生物学在自然科学中的地位发生了根本的变化，生物科学与物理学、化学、数学和信息科学等学科的交叉渗透也极大地推动了这些学科的发展。现代分子生物学的主要研究方向包括：DNA重组技术（基因工程），基因表达调控，生物大分子结构和功能，基因组、功能基因组与生物信息学。

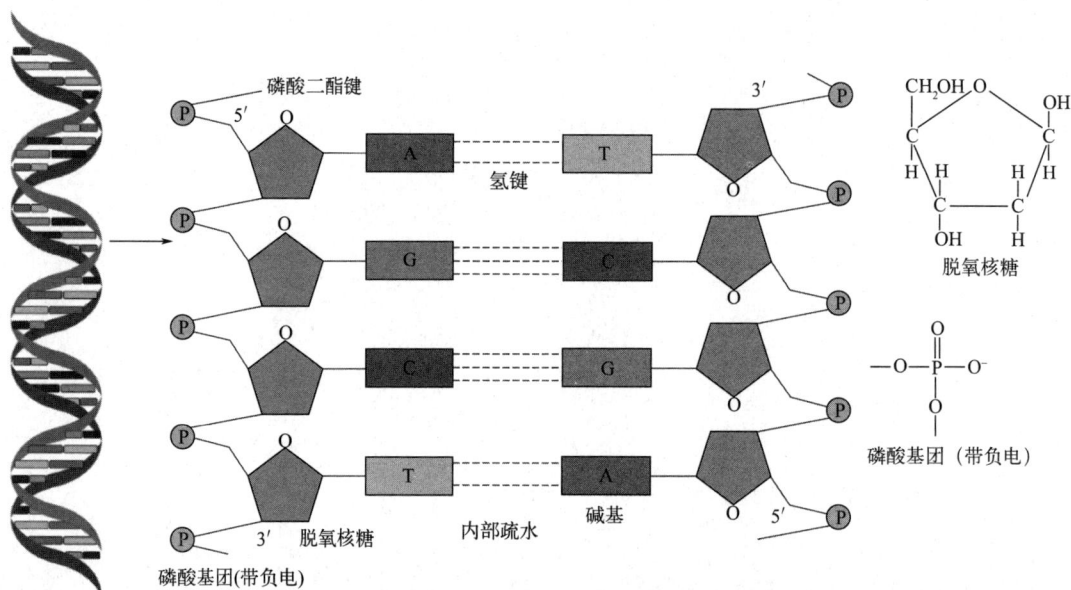

图 8.1　DNA 双螺旋结构模型

8.1.1 生物信息学

生物信息学是从 20 世纪 80 年代末开始，随着基因组测序数据迅猛增加而逐渐兴起的一门新兴学科，是利用计算机对生命科学研究中的生物信息进行存储、检索和分析的科学。目前，随着大量生物学实验的数据积累，形成了当前数以千计的分子生物学数据库。它们各自按照一定的目标收集和整理生物学实验数据，并提供数据查询、处理和共享等服务。这些数据库主要有基因组数据库、蛋白质序列数据库和生物大分子三维空间结构数据库等。在环境工程领域研究中，使用最为广泛的是基因组数据库。当今全球主要的基因组数据库（生物信息数据中心）包括美国生物工程信息中心 GenBank、欧洲分子生物学研究所的 EMBL 和日本 DNA 数据库 DDBJ，用户可以通过光盘或其他存储媒体以及通过互联网，免费获得这些序列，包括最新的序列。

GenBank 数据库包含了所有已知的核酸序列和蛋白质序列，以及与它们相关的文献、著作和生物学注释。它是由美国国立生物技术信息中心（NCBI）建立和维护的。NCBI 的数据库检索查询系统基于 Web 界面的综合生物信息数据库检索系统 Entrez。测序者可以由基于 Web 界面的 BankIt 或独立程序 Sequin，把自己工作中获得的新序列添加到 GenBank 数据库。

EMBL 数据库是由欧洲生物信息学研究所（EBI）维护的核酸序列数据库，查询检索可以通过互联网上的序列提取系统（SRS）服务完成。EMBL 核酸序列数据库提交序列可以通过基于 Web 的 WEBIN 工具完成，也可以用 Sequin 软件来完成。

DDBJ 数据库是一个由日本国立遗传学研究所维护的核酸序列数据库，与 GenBank 和 EMBL 核酸库合作交换数据。用户可使用其主页上提供的 SRS 工具进行数据检索和序列分析。

8.1.2 环境基因组学概述

基因组是生物体内遗传信息的集合，某个特定物种基因组是其细胞内全部 DNA 分子的总和。例如人类基因组包括 23 对染色体，单倍体细胞中约有 30 亿对核苷酸，编码了 2.7 万～3 万个基因。20 世纪 80 年代提出了基因组学的概念，基因组学是指所有基因进行基因组作图（包括遗传图谱、物理图谱、转录本图谱）、核苷酸序列分析、基因定位和基因功能分析的一门科学。基因组学促进了包括新物种、新功能基因（簇）以及新物质代谢途径的发现。基因组研究主要包括以全基因组测序为目标的结构基因组学和以基因功能鉴定为目标的功能基因组学。结构基因组学代表基因组分析的早期阶段，以建立生物体高分辨率遗传图谱、物理图谱和大规模测序为基础。功能基因组学代表基因分析的新阶段，是利用结构基因组学提供的信息系统地研究基因功能，以高通量、大规模的实验方法以及统计与计算机分析为特征。随着人类基因组作图和基因组测序工作的完成，当前的研究重心从结构基因组学转移到了功能基因组学。功能基因组学发展出了众多的新领域和技术，例如生物信息学技术、生物芯片技术、转基因和基因敲除技术、酵母双杂交技术、基因表达谱系分析、蛋白质组学技术、高通量细胞筛选技术等。

环境基因组学，亦称宏基因组学、元基因组学、微生物环境基因组学、生态基因组学，是应用现代基因组学的技术直接研究环境样品中所有微生物的遗传物质，来揭示微生物群落的结构与功能多样性的科学。环境基因组学可以揭示环境污染物与生物之间、环境胁迫与基因之间的关系。随着第二代和第三代高通量测序技术的发展和大规模应用，环境微生物基因组学已发展成环境科学与微生物学交叉学科研究中的一个重要分支，显著改变了环境微生物学与微生物生态学的传统研究方式，大大推动了环境微生物群落组成、功能的研究。

环境科学与工程领域的常见的基因组学是指以微生物的 16S rDNA/RNA 基因序列和相关的结构基因为研究对象，通过分析样品中遗传分子（DNA 或 RNA 分子）的种类、数量等信息来反映微生物细胞种类与种群比例、主要的功能菌群等信息。16S 核糖体 DNA（简称为 16S rDNA）长度约为 1500bp，被称为最有用的"分子钟"，在细菌分类学研究中最为常用。16S rDNA 序列包含 10 个可变区（variable region）和 11 个恒定区（constant region）。不同的细菌可变区有差异，且差异程度与细菌的系统发育密切相关。16S 核糖体 RNA（简称为 16S rRNA）长度约为 1542nt，是原核生物的核糖体中 30S 亚基的组成部分。16S rRNA 由 16S rDNA 编码而成，一个细菌的细胞中可包含多种具有不同序列的 16S rRNA。由于不同种的真细菌与古细菌间的 16S rRNA 基因（16S rDNA）具有高度保守和多样性，易于发现新的微生物种群，因此 16S rDNA 常被用于对各种生物进行系统发育学方面的研究，是微生物多样性分析常选用的基因。目前的基因文库中，如 RDPII、Greengene、SILVA 等，都含有大量的 16S 基因序列可用于分析比较。通过建立 16S rRNA（16S rDNA）基因组文库，筛选出阳性克隆进行质粒提取以及 PCR 鉴定，测序构建样品微生物种群进化树，可识别环境样本中的微生物种群组成，是解析环境样本或生物反应器中微生物种群结构的有效手段。环境基因组学在环境中新微生物物种的发现和分类、新功能基因（簇）的挖掘、新物质代谢途径的发现、微生物-环境-效能关联的研究中发挥了巨大的作用。

8.2　环境领域研究中常用的现代分子生物学技术

目前在环境领域研究中常用的现代分子生物学技术主要包括两个方面。一方面的应用是针对复杂的环境样本或生物反应器中的微生物种群进行种群多样性和种属特点的研究，从而解析生化反应过程中的微生物学机制。目前被广泛应用于微生物种群组成分析的分子生物学技术主要包括荧光原位杂交（FISH）、聚合酶链式反应（PCR）、高通量测序技术等。另一方面的应用主要集中在基于基因工程的重组 DNA 技术，如构建基因工程菌来实现废水废物中毒物的高效生物降解或环境污染的生态修复。

8.2.1　核酸杂交技术

核酸杂交技术是通过核酸分子杂交检测靶序列，进而可以定量或定性检测 DNA 序列片段。随着核酸杂交技术不断完善，又形成了一系列衍生技术。原位杂交可以准确地对核酸序列进行定位，有利于分析微生物种类多样性。在原位杂交的基础上，用荧光进行标记，便形成了新的杂交方法——荧光原位杂交。由于荧光原位杂交具有定位准确、特异性好等优点，因此在环境微生物领域中应用最为广泛。

荧光原位杂交技术（FISH）是一种重要的非放射性原位杂交技术，原理是利用报告分子（如生物素、地高辛等）标记核酸探针，然后将探针与染色体或 DNA 纤维切片上的靶 DNA 杂交，若两者同源互补，即可形成靶 DNA 与核酸探针的杂交体。此时可利用该报告分子与荧光素标记的特异亲和素之间的免疫化学反应，经荧光检测体系在镜下对 DNA 进行定性、定量或相对定位分析。如图 8.2 为食一氧化碳梭菌（*Clostridium carboxidivorans*，标记为红色）与克氏梭菌（*Clostridium kluyveri*，标记为绿色）的 FISH 影像。影像分析表明，两种探针可以同时用于区分混合样品中的 *C.carboxidivorans* 和 *C.kluyveri*，且通过影像分析可对细菌的相对丰度进行近似的定量分析。

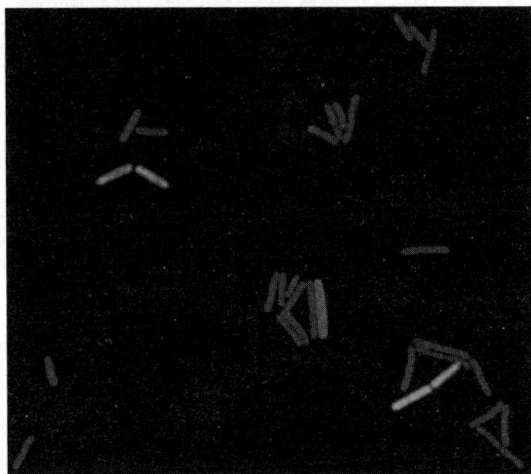

图 8.2　食一氧化碳梭菌与克氏梭菌的 FISH 影像　　　　　图 8.2（彩）

8.2.2　基因微阵列技术

微阵列技术亦称基因芯片，于 20 世纪 90 年代中期发展起来，是通过检测杂交信号强度得出分子信息的一种技术，现在已经成为功能基因组学研究不可替代的工具。其基本原理是基因的差异表达，将成千上万个基因有序地排列在固体基片上制备成基因芯片，同时监测不同细胞生长环境下基因的表达类型、DNA 序列突变情况及各种样本中不同基因（特别是功能基因）的组成与变化情况。基因微阵列技术在环境毒理学、微生物多样性分析、生物分子筛选中都有应用。应用 cDNA 微阵列技术检测酿酒酵母基因组在不同环境胁迫下表达文库的差异，成功证明了此方法能够有效地评估废水中环境污染物的潜在毒性；应用 DNA 微阵列技术获得了大量的活性污泥微生物的群落结构信息；利用 DNA 微阵列芯片直接探测污水处理厂硝化菌的 16S rRNA 基因，测得该污水厂中硝化菌中的主要菌群是亚硝化单胞菌属。基因微阵列分析的主要步骤见图 8.3。

8.2.3　PCR 技术

PCR 技术是一种体外放大扩增特定 DNA 片段的分子生物学技术，灵敏度高，反应快速。对于环境中微量甚至常规检测无法检出的 DNA 分子，通过 PCR 扩增后由于其含量成百万倍增加，从而可以检测，以弥补 DNA 分子直接杂交技术的不足。随着 PCR 技术的不断完善，形成了实时定量 PCR（qPCR）、高通量 qPCR、PCR 基因测序等一系列衍生技术，并在环境微生物领域发挥着重要的作用。qPCR 作为检测和量化目标微生物的工具，已被广泛应用于环境微生物生态学研究中。实时荧光定量 PCR 原理图（SYBR Green 法）见图 8.4。

PCR 技术的基本原理类似于 DNA 的天然复制过程，其特异性依赖于与靶序列两端互补的寡核苷酸引物。PCR 由变性-退火-延伸三个基本反应步骤构成：

① 模板 DNA 的变性：模板 DNA 经加热至 93℃左右一定时间后，使模板 DNA 双链或经 PCR 扩增形成的双链 DNA 解离，使之成为单链，以便它与引物结合，为下轮反应做准备；

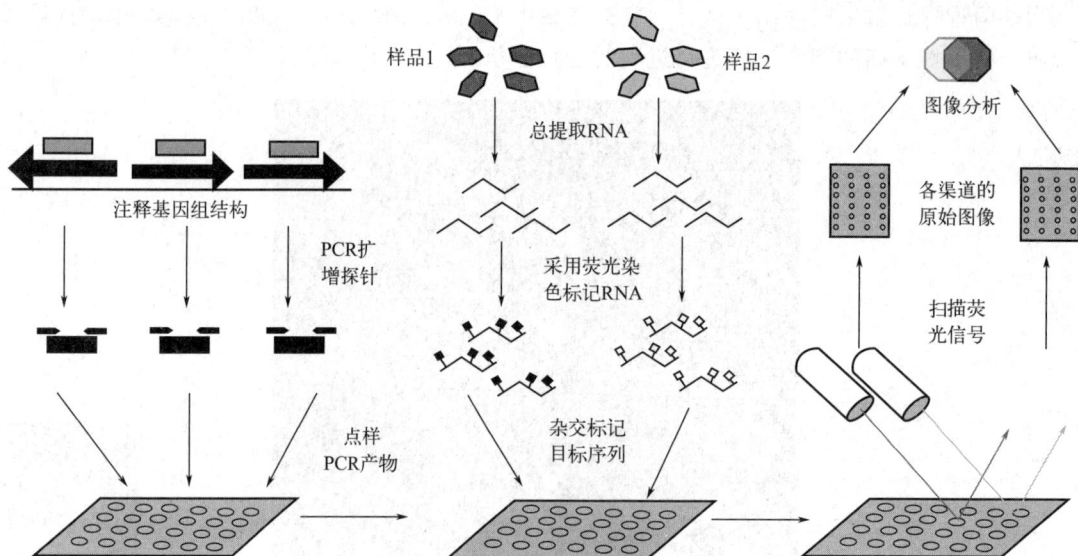

图 8.3 基因微阵列分析的主要步骤

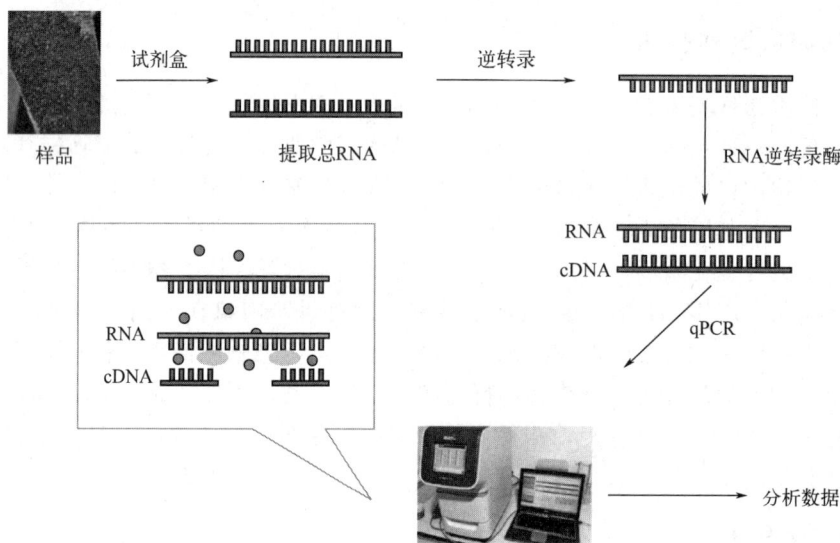

图 8.4 实时荧光定量 PCR 原理图（SYBR Green 法）

② 模板 DNA 与引物的退火（复性）：模板 DNA 经加热变性成单链后，温度降至 55℃ 左右，引物与模板 DNA 单链的互补序列配对结合；

③ 引物的延伸：DNA 模板-引物结合物在 72℃、DNA 聚合酶（如 Taq DNA 聚合酶）的作用下，以 dNTP 为反应原料，靶序列为模板，按碱基互补配对与半保留复制原理，合成一条新的与模板 DNA 链互补的半保留复制链，重复循环变性-退火-延伸三过程就可获得更多的半保留复制链，而且这种新链又可成为下次循环的模板。

每完成一个循环需 2～4min，2～3h 就能将待扩目的基因扩增放大几百万倍。

二维码 8-1　　　qPCR 仪结构与操作见二维码 8-1。

8.2.4　高通量测序技术

作为遗传物质的 DNA 是以一级结构的形式存储信息的，因此要了解 DNA 分子中所蕴含的遗传信息，必须先确定它的序列。由 Frederick Sanger 发明的双脱氧法以及 Maxam 和 Gilbert 发明的化学断裂法是两种最经典的测序方法，通常被视为第一代测序的方法。从那时起，DNA 测序技术已经历了几代的变化。

高通量测序技术是第二代测序技术。它的典型标志是使用大规模并行的方法，即大量样品在同一个仪器内同时测定。但要做到这一点需要实现微型化和增强的计算能力。第二代测序方法在速度上比第一代快 100 倍。有三种被广泛使用的第二代测序方法，它们是焦磷酸测序（pyrosequencing）、Illumina/Solexa 测序和 SOLiD 测序。目前应用最为广泛的是采用 Illumina 平台进行测序。高通量测序技术通过引物延伸、检测新加入的核苷酸、以化学或酶的方法清除反应底物或荧光源等一系列重复步骤进行测序，同时检测每个片段群进行反应所产生的信号，"大规模并行测序"可以使数十万乃至数亿个测序反应同时进行并被同步检测。因此，该技术能够一次检测成百上千万的基因序列，并通过完整的序列信息，全面细致地对基因组进行测序。

第二代测序原理主要是酶级联化学发光反应：

① 首先将 PCR 扩增的单链 DNA 与引物杂交，并与 DNA 聚合酶、ATP 硫酸化酶、荧光素酶、三磷酸腺苷双磷酸酶、底物荧光素酶和 $5'$-磷酸硫酸腺苷共同孵育。

② 在每一轮测序反应中只加入一种 dNTP，若该 dNTP 与模板配对，聚合酶就可以将其掺入到引物链中并释放出等物质的量的焦磷酸。

③ 焦磷酸盐被硫酸化酶转化为 ATP，ATP 就会促使氧合荧光素的合成并释放可见光，电荷耦合器件（CCD）检测后通过软件转化为一个峰值，峰值与反应中掺入的核苷酸数目成正比。

高通量测序过程见图 8.5，其主要用途包括：

① DNA 测序：全基因组 de novo 测序、基因组重测序、宏基因组测序、人类外显子组捕获测序。

② RNA 测序：转录组测序、小分子 RNA 测序、RNA 表达谱测序。

③ 表观基因组研究：染色质免疫共沉淀测序、DNA 甲基化测序。

第三代测序技术的核心特征是对单分子 DNA 进行测序。这里有两个新颖之处对于单分子测序至关重要：首先，反应在纳米容器内进行，这些细小的圆柱体金属槽（20nm 宽）可以有效地降低背景光，使得单个核苷酸发出的单道闪光能够被检测到；其次，荧光标签不一定标在参入的脱氧核苷酸上，可能是标在释放出来的焦磷酸基团上。因此，荧光标签没有积累在 DNA 上，而是每一次反应释放一个显微的可见光信号。第三代测序技术主要有两种途径：一种基于显微技术，另一种基于纳米技术。HeliScope 的单分子测序仪实际上也是一种循环芯片测序设备。其最大特点是无需对测序模板进行扩增，因为它使用了一种高灵敏度的荧光探测仪直接对单链 DNA 模板进行合成法测序；首先，将基因组 DNA 切割成随机的小片段 DNA，并且在每个片段末端加上多聚 A 尾巴；然后，通过多聚 A 尾巴与固定在芯片上的多聚 T 互补配对，将待测模板固定到芯片上，制成测序芯片；最后，借助聚合酶将荧光标记的单脱氧核苷酸掺入到引物上，采集荧光信号，切除荧光标记基团，进行下一轮测序反

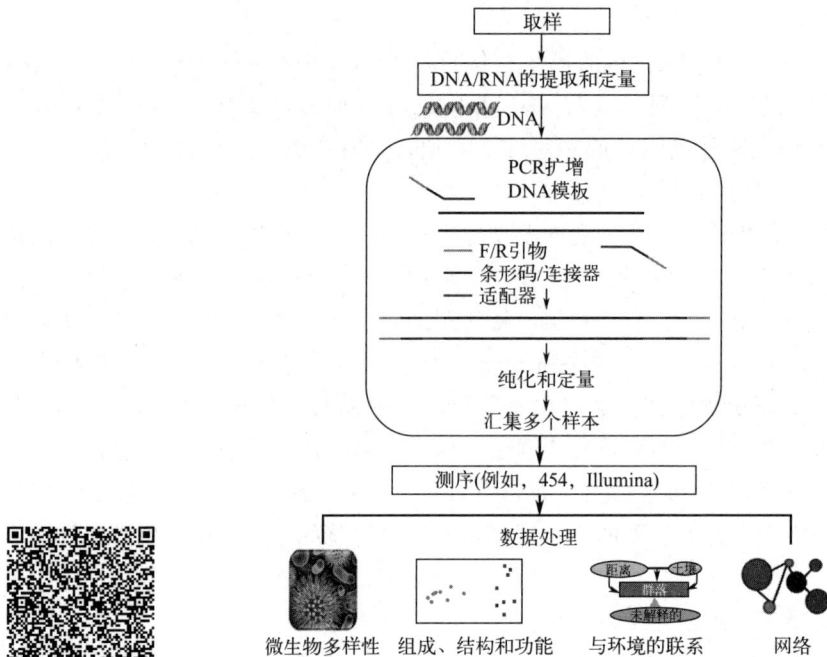

图 8.5（彩）　　　　　　　　　　　图 8.5　高通量测序过程

应，如此反复，最终获得完整的序列信息。目前第三代测序技术在环境领域的应用尚在起步阶段，应用最为广泛的仍是第二代测序技术。

8.2.5　基于环境基因组学的测序分析

环境基因组学通过直接从环境样品中提取全部微生物的 DNA，构建宏基因组文库，利用基因组学的研究策略，对环境样品所包含的全部微生物的遗传组成及其群落功能进行研究。这种研究技术具有许多优势：首先，自然界的许多微生物无法在实验室条件下培养繁殖，而宏基因组学研究不要求对微生物进行分离培养，从而大大扩展了微生物研究范围；其次，宏基因组学引入了宏观生态的研究理念，对环境中微生物菌群的多样性及功能活性等宏观特征进行研究，因此可以更准确地反映出微生物生存的真实状态；最后，结合高通量测序技术进行宏基因组学研究，无须构建克隆文库，可直接对环境样品中的基因组片段进行测序，这就避免了在文库构建过程中因利用宿主菌对样品进行克隆而引起的系统偏差，从而简化了研究的基本操作，提高了测序效率。

通过宏基因组学的研究，可以解决以下几个重要的问题：

（1）物种鉴定

将所得序列与专业数据库中的序列进行比对，可得出样品中所含物种的信息，所用序列通常为 16S rRNA（细菌）或 18S rRNA（真核生物）等兼具保守及高变特性的序列。

（2）多样性统计学分析

将所得序列进行聚类，得到相应的分类操作单元，所用序列也通常为 16S rRNA 或 18S rRNA 等。通过统计学手段，对环境样品中的主要成分及不同样品间的明显差异因素进行分析，结合物种鉴定，可以得到关键菌群。

（3）宏基因组拼接

对环境样品 DNA 进行大规模测序后，通过严格的拼接方式，可获得较长的 DNA 片段。若样品的生物多样性较低，在达到一定测序通量后，就很有可能直接获得一个或多个微生物基因组草图。

（4）功能分析

将所得序列与数据库中的序列进行比对，可对与所比对序列有关的基因功能进行注释。

（5）微生物群落结构及功能

通过大量测序，可以获得样品的群落结构信息，如微生物物种在该环境下的分布情况及成员间的协作关系等。此外，通过实验还可以确定一些特殊的主要基因或 DNA 片段。对于多个样品，还可作相应的比较分析，发掘出样品间的异同点。

8.2.6　重组 DNA 技术（基因工程）

重组 DNA 技术是 20 世纪 70 年代初兴起的技术科学，目的是将不同的 DNA 片段（如某个基因或基因的一部分）按照人们的设计定向连接起来，在特定的受体细胞中与载体同时复制并得到表达，产生影响受体细胞的新的遗传性状。严格地说，重组 DNA 技术并不完全等于基因工程，因为后者还包括其他可能使生物细胞基因组结构得到改造的体系。重组 DNA 技术是核酸化学、蛋白质化学、酶工程及微生物学、遗传学、细胞学长期深入研究的结晶，而限制性内切酶、DNA 连接酶及其他工具酶的发现与应用则是这一技术得以建立的关键。

重组 DNA 技术是在分子水平上对基因进行操作的复杂技术，它用人为的方法将所需要的某一供体生物的遗传物质——DNA 大分子提取出来，在离体条件下用适当的工具酶进行切割后，把它与作为载体的 DNA 分子连接起来，然后与载体一起导入某一更易生长、繁殖的受体细胞中，以外源物质在其中"安家落户"，进行正常的复制和表达，从而获得新物种。重组 DNA 技术的主要目的是通过优良性相关基因的重组，获得具有高度应用价值的新物种。图 8.6 为重组 DNA 技术流程示意图。

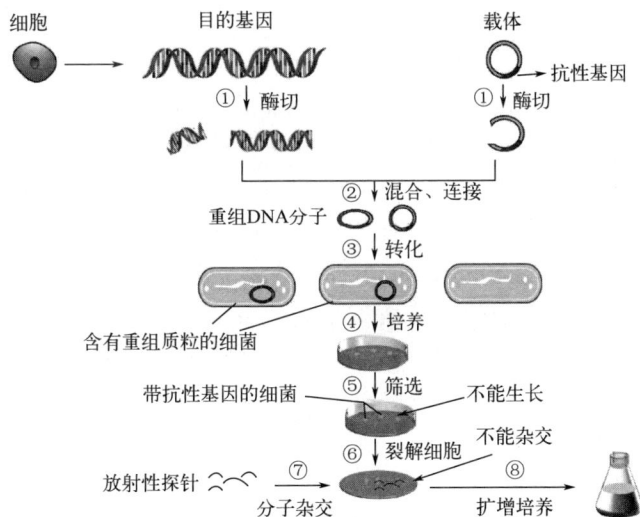

图 8.6　重组 DNA 技术流程示意图

重组 DNA 技术在环境工程领域有着广阔的应用前景。它可用于定向改造某些生物的基因组结构，使它们所具备的特殊经济价值或功能得以成百上千倍地提高。如有一种含有分解各种石油成分的重组 DNA 的超级细菌，能快速分解石油，可用来恢复被石油污染的海域或土壤。由于废水的多样性及其成分的复杂性，自然进化的微生物降解污染物的酶活性往往有限，利用基因工程技术可对这些菌株进行遗传改造，提高微生物的酶降解活性，并可大量繁殖，就可以定向获得具有特殊降解性状的高效菌株，方便有效地应用于污水处理。

8.3　分子生物学在环境工程领域的应用

8.3.1　污泥样本的微生物种群结构研究

图 8.7（彩）

为了提高污泥厌氧消化系统中抗生素的去除效果，在厌氧反应器中加入电极，构建污泥厌氧消化-微生物电解池（AD-MEC）反应器（图 8.7）。向 AD-MEC 反应器分别施加 0.3V、0.6V、1.0V 和 1.5V 的稳定电压，没有外加电压（0V）的反应器设置为对照组，系统稳定运行时，采用高通量测序技术分析各反应器电极生物膜上的微生物群落结构特征。

图 8.8 显示了不同外加电压下微生物电解池中阳极和阴极生物膜的微生物群落结构。未施加外加电压的对照组（0V）的阳极和阴极生物膜的微生物组成相似，而在 0.3～1.5V 的电压下，阳极和阴极生物膜的微生物组成存在显著差异。在门水

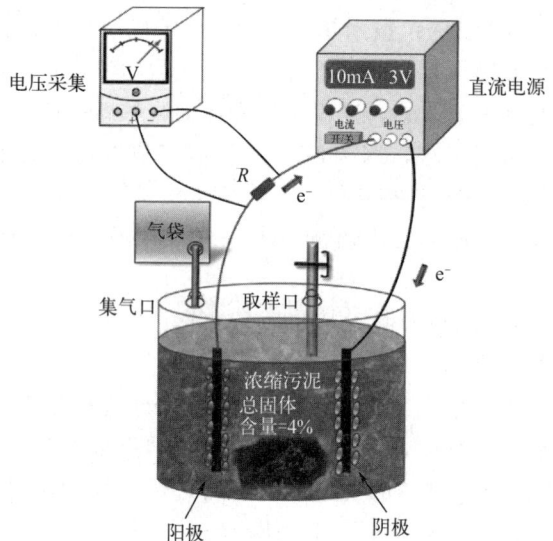

图 8.7　污泥 AD-MEC 反应器示意图

平上，阳极上的优势菌门是变形菌门（Proteobacteria，45.7%～67.8%）、拟杆菌门（Bacteroidetes，12.4%～17.2%）、厚壁菌门（Firmicutes，8.9%～13.6%）；阴极上的优势菌门分别为广古菌门（Euryarchaeota，45.2%～60.6%）、拟杆菌门（Bacteroidetes，11.9%～19.4%）、厚壁菌门（Firmicutes，11.8%～16.9%）。变形菌门（Proteobacteria）具有电化学活性并且易于适应微生态的变化，在胞外电子转移和 MEC 运行中发挥重要作用。变形菌门在外加电压为 0.6V 和 1.0V 时的富集效果更为显著，丰度占比分别为 67.8% 和 64.6%。在属水平上，阳极上的优势菌属是 *Geobacter*（33.8%～59.3%），而阴极上的优势菌属为 *Methanoculleus*（43.6%～56.4%）。*Methanoculleus* 是氢型产甲烷菌。*Geobacter* 属于变形菌门，是一种典型的具有电化学活性的厌氧细菌，广泛地出现在生物电化学系统中。

结合微生物组成分析，该研究证实了在 0.6V 和 1.0V 外加电压下阳极微生物的富集和电极生物电化学特性的显著提升。抗生素的去除率在外加电压为 0.6V 和 1.0V 时最高，由此推测电极的生物强化作用可能促进了抗生素的去除。

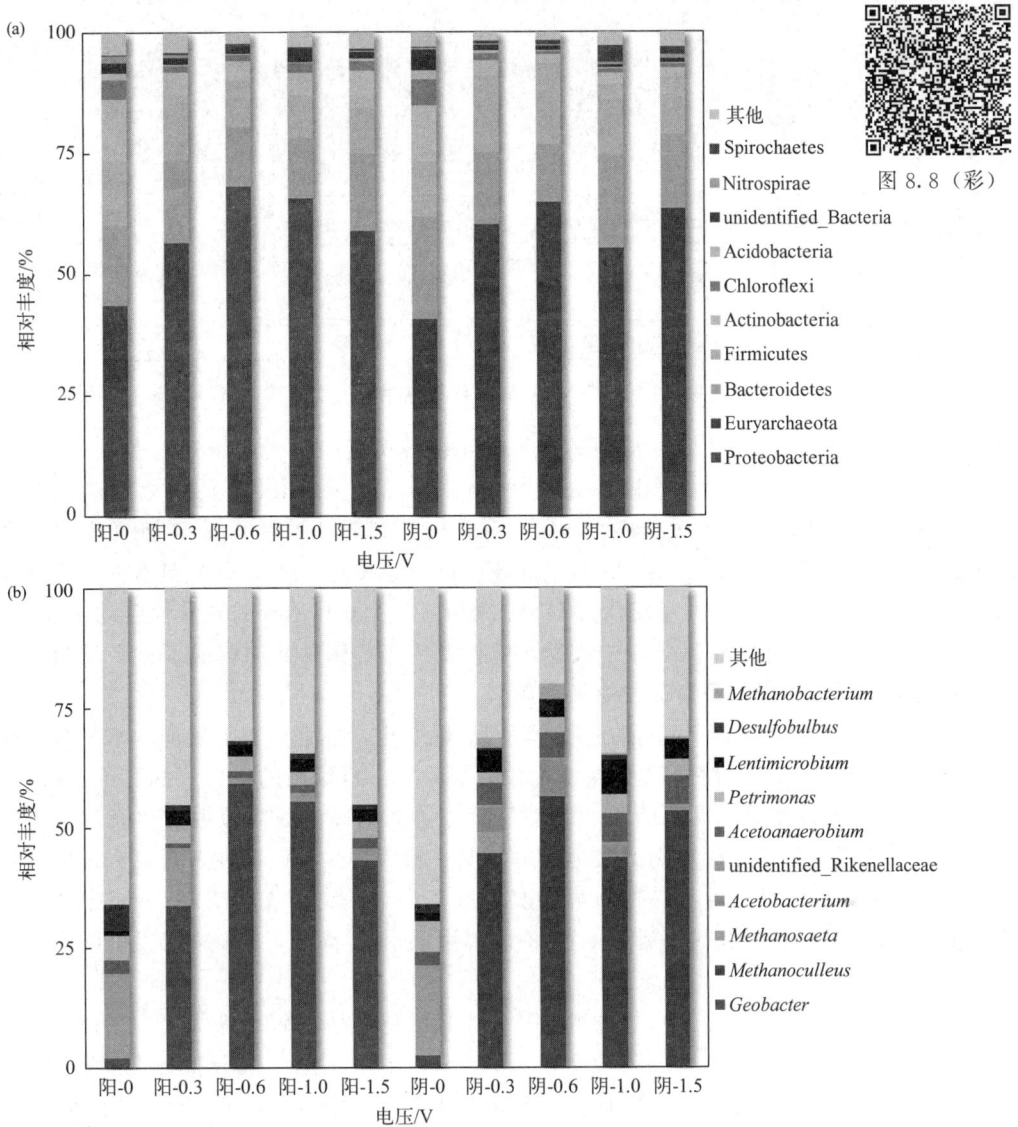

图 8.8　不同外加电压下微生物电解池中阳极和阴极生物膜的微生物在门水平（a）和属水平（b）的相对丰度

8.3.2　重组 DNA 技术构建难降解有机物的高效降解菌

多环芳烃是一类持久性、剧毒的有机污染物，其独特的化学结构使其具有致癌性。菲是一种由三个苯环组成"湾区"和"K 区"的典型多环芳烃模式化合物。采用传统生物技术获得的野生菌株会遇到功能单一、适应性差、可控性差等问题，通过合理设计微生物菌株则可以解决上述问题。

在本研究中，将来源于菲自然降解优势菌的 17 个主要降解基因，以三个模块导入到宿主菌株大肠杆菌 BL21 中，形成了三个分别具有芳香环裂解功能、水杨酸代谢功能和儿茶酚代谢功能的工程菌株 M1、M2、M3。图 8.9 为三个具有协同功能模块的基因工程菌株组成人工菌群实现菲的高效降解示意图。

具体是将携带编码双加氧酶的 5 个基因（phdF，phnD，phdG，nidD 和 phnF）的重组

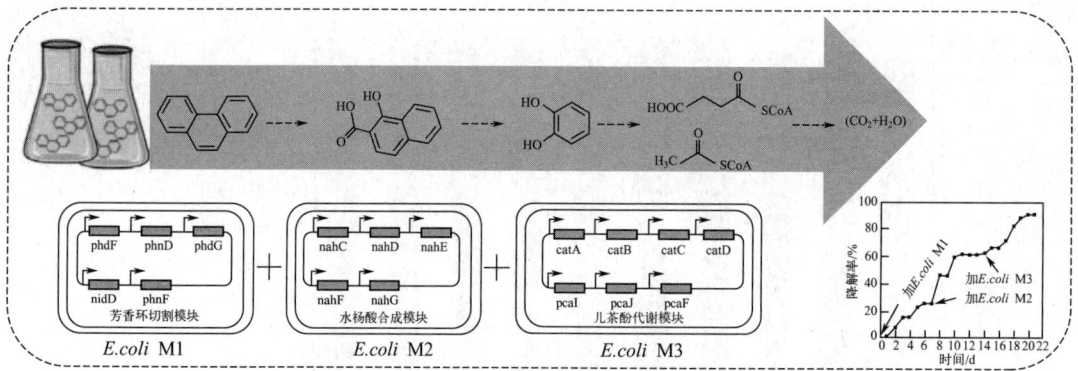

图 8.9　三个具有协同功能模块的基因工程菌株组成人工菌群实现菲的高效降解

质粒 pM1 引入大肠杆菌 BL21，得到具有芳香环裂解功能的工程大肠杆菌 M1；引入携带编码水杨酸羟化酶的 5 个基因（nahC、nahD、nahE、nahF 和 nahG）的重组质粒 pM2，得到具有水杨酸代谢功能的工程大肠杆菌 M2；引入携带编码儿茶酚 1,2-双加氧酶的 7 个基因（catA、catB、catC、catD、pcaI、pcaJ、pcaF）的重组质粒 pM3，得到具有儿茶酚代谢功能的工程大肠杆菌 M3。在异丙基硫代-β-D-半乳糖苷（IPTG）诱导的特异性启动子 T7 的控制下，基因在复制载体 pCDFDuet-1 中表达，这些基因工程菌株共同构成了一个具有协同功能模块的人工菌群，用以实现对菲的有效降解。

　　为了了解 $E.coli$ BL21 改造前后关键酶的活性变化，分别对双加氧酶、水杨酸羟化酶和儿茶酚 1,2-双加氧酶的活性进行了测定。结果表明，nidD 编码的双加氧酶、nahG 编码的水杨酸羟化酶和 catA 编码的儿茶酚 1,2-双加氧酶均可在工程大肠杆菌中成功表达。为了进一步了解三种工程菌对可利用底物的实际降解情况，将三种工程菌株在各自可利用的底物中培养 7 天，并对菌体生长情况和底物降解情况进行了测定，结果表明 $E.coli$ M1、$E.coli$ M2 和 $E.coli$ M3 可以很好地代谢菲、1-羟基-2-萘甲酸和儿茶酚，降解率分别达到 25.12％、61.56％和 88.48％。

　　为了提高降解效果，对工程菌株组成的人工菌群进行了降解条件优化，在最佳降解条件下，人工菌群的菲降解率在第 7 天稳定在 70.99％。采用每隔 7 天分批补充工程菌的方法，使每个工程菌保持最佳降解能力，提高了整个体系对菲的降解率，21 天的菲降解率最终达到 90.66％，远高于同期接种时的降解率。这一研究为从环境中去除多环芳烃提供了一个有吸引力的解决方案。

8.4　应用案例

　　宏基因组测序应用案例见二维码 8-2。

二维码 8-2

课后习题

第八章习题

第九章 环境自动监测技术

9.1 环境自动监测网络的发展

随着自动化技术、计算机技术的快速发展，环境监测技术逐渐进入了自动监测技术阶段。美国于20世纪60年代开始在全国主要城市建立大气污染连续自动监测系统，对一氧化碳、氮氧化物、二氧化硫、总氧化剂、总烃等进行连续监测。20世纪60年代末到70年代初，日本、荷兰、德意志联邦共和国、英国等相继建立起大气污染连续自动监测系统。随后自动监测技术继续发展，自动监测网络系统和遥感技术逐渐用于大范围、大面积的空气和水域污染状况监测、预测、预报与预警。

我国从20世纪80年代开始建设空气污染连续自动监测站，90年代开始建设地表水连续自动监测站。随着大气、水、土壤等污染问题的出现和我国经济、技术水平的提高，自动监测站系统逐渐建设和完善。2015年国务院办公厅发布了《关于印发〈生态环境监测网络建设方案〉的通知》，"建设涵盖大气、水、土壤、噪声、辐射等要素，布局合理、功能完善的全国环境质量监测网络"，与之呼应，各级地方政府和生态环境保护部门也积极开展了地方的生态监测网络建设。"十三五"时期（2016—2020年），我国生态环境质量监测网络（未统计港澳台相关信息数据）包括地表水监测断面约1.1万个、城市空气监测站点约5000个、土壤环境监测点位约8万个、声环境监测点位约8万个、辐射环境监测点位1500多个。

截至2019年，我国在338个地级及以上城市建立了1436个国家城市环境空气质量监测点位，96个区域（农村）空气质量监测点位，15个背景空气质量监测点位。截至2022年，我国在空气质量方面已经拥有"国家环境空气质量监测网"、"沙尘暴监测网"和"酸雨监测网"，能够实现全国主要城市空气质量的在线实时查阅。

我国从2000年开始加强国家地表水水质自动监测网络建设，陆续在松花江、辽河、海河、黄河、淮河、长江、珠江、太湖、巢湖、滇池等流域建设水质自动监测站。截至2018年7月，在2050个国家地表水断面水站中，1770个断面实现自动监测并全国联网。建立了国家地表水水质自动监测实时数据发布系统，通过在线监测系统实时动态公布地表水水质情况。

我国还开展了地面和空间遥感监测、移动源污染和城市噪声等自动监测工作。随着"互联网＋"迅速发展，自动监测仪器研制和生产也快速发展。目前自动监测技术向着监测指标全面化、测量方法多样化、应用领域多元化、功能设计智能化方向发展。

9.2 自动监测系统介绍

自动监测系统主要由监测子站、中心计算机室、质量保证实验室和系统支持实验室组成。监测子站包括采样装置、监测分析仪、校准设备、气象仪器、数据传输设备、子站计算机或数据采集仪以及站房环境条件保证设施（例如稳压电源、空调、除湿设备）等，主要任务是对环境和污染物监控指数进行连续自动监测，采集、处理和存储监测数据，按中心计算机指令定时或随时向中心计算机传输监测数据和设备工作状态信息。其中自动监测设备是自动监测站的核心，主要由样品采集和传输装置、预处理设备、分析仪器、数据采集和传输设备以及其他辅助设备等构成。根据监测目标的不同，自动监测设备种类很多。图9.1展示了一般地表水自动监测站的系统组成。

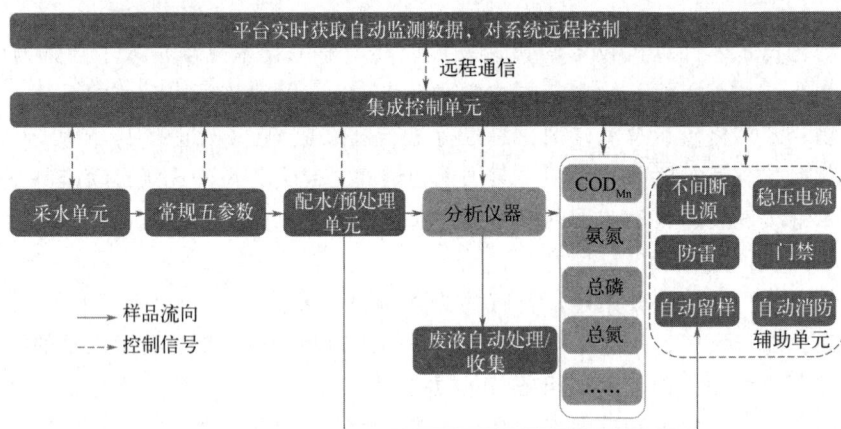

图 9.1 一般地表水自动监测站的系统组成

中心计算机室的主要任务是通过有线或无线通信设备收集各监测子站的数据和设备工作状态信息，对数据进行判别、检查和存储、统计处理和分析，对监测子站的监测仪器进行远程诊断和校准。

质量保证实验室的主要任务是对系统所用监测设备进行标定、校准和审核；对检修后的仪器设备进行校准和运行考核；制订和落实系统有关监测质量控制的措施。系统支持实验室的主要任务是对系统仪器设备进行日常保养、维护、检修和更换。

9.3 水质连续自动监测

9.3.1 水质自动监测分析技术

在线水质分析设备在制造工艺上要兼顾自动化要求和复杂现场工况的要求，目前应用的主要分析技术包括：

（1）电化学分析法

以电位、电流、电荷量和电导等电化学参数与被测量物质的量之间的关系作为计量基础，例如：离子选择性电极法（可测 pH、铵根离子、硝酸根离子、臭氧等）、电位滴定法（可测高锰酸盐指数、氯离子、挥发性脂肪酸、硫酸根离子等）、溶出伏安法（如重金属分析仪等)、电导法(如 TOC 分析仪等)等技术。

(2)光学分析法

基于分析物和电磁辐射相互作用产生的辐射信号变化的光学分析法分为光谱法和非光谱法,前者测量的信号是物质内部能级跃迁所产生的发射、吸收等光谱的波长和强度,后者不以波长为特征信号,如折射、干涉等。以光学分析法为原理的在线水质分析仪器近年来发展迅猛,是在线水质分析仪器中较大的一类。目前广泛使用的基于光谱法的在线水质分析仪,主要分为紫外-可见光光谱法[可测有机物(化学需氧量 COD)和高锰酸钾指数、氨氮、总磷(TP)、总氮(TN)等]、红外吸收光谱法[可测(总有机碳 TOC)、水中油类]、荧光光谱法(可测水中油类、叶绿素、蓝绿藻等)。

(3)色谱分析法

色谱技术本质上是一种分离技术,该技术与不同的化学分析技术结合,可实现对多种(性质相近)混合物质的分析。在水质分析领域采用色谱技术主要包括气相色谱法(如 VOCs 分析仪)和离子色谱法(可测氯离子、氯酸盐、亚氯酸盐、溴酸盐、氰化物、钾离子、钠离子等)。

不同的水体监测的项目根据水体情况有所不同,表 9.1 列出了水体自动监测必测项目和选测项目。目前水体监测依照《地表水和污水监测技术规范》(HJ/T 91—2002)和《地表水自动监测技术规范(试行)》(HJ/T 915—2017)实施,有些地方政府也分别出台了地方的相应标准、技术规范或指导。

表 9.1 水体自动监测必测项目和选测项目

水体	必测项目	选测项目
河流	五项常规指标、高锰酸盐指数、氨氮、总磷、总氮	挥发酚、挥发有机物、油类、重金属、粪大肠菌群、流量、流速、流向、水位等
湖、水库	五项常规指标、高锰酸盐指数、氨氮、总磷、总氮、叶绿素 a	挥发酚、挥发有机物、油类、重金属、粪大肠菌群、藻类密度、水位等

9.3.2 水质自动监测设备和技术

(1)水量监测仪

水量在线监测流量计主要有电磁流量计和超声波流量计。电磁流量计的原理是当导体在磁场中作切割磁力线运动时,在导体中会产生感应电势,感应电势的大小与导体在磁场中的有效长度及导体在磁场中作垂直于磁场方向运动的速度成正比。当管道直径确定、磁感应强度不变时,被测体积流量与感应电势呈线性关系。假设在管道两侧各插入一根电极,就可以通过检测感应电势的大小求得体积流量。电磁流量计在进行流体流量监测时,具有很多优势,目前在各行业中被广泛应用。电磁流量计不阻碍液体流动,不受水的密度、黏度、温度、压力和电导率变化的影响,测量精度高,稳定性强,抗振动干扰能力强,有多种电极和衬里选择,抗介质腐蚀能力强。

超声波流量计传感器为铸铁酸铅压电元件,利用压电效应,通过传感器发射并接收声波。介质流动时,对声波产生影响,通过检测声波的变化计算出流量大小。超声波流量计是一种非接触式仪表,测量准确度很高,基本不受介质的干扰,不会被水腐蚀。

(2)地表水五参数自动监测仪

常规水质五参数是指评价水质的五种参数,即温度、pH、溶解氧(DO)、电导率和浊

89

度。常规水质五参数自动监测原理见图9.2。浊度监测一般分别采用热电阻电极法（图9.3）、玻璃或锑电极法、电极法（交流阻抗法）、光学法（透射原理或红外散射原理）。DO监测采用金-银膜电极法（图9.4）或基于荧光猝灭原理（猝熄效应）的荧光法，光电传感器向荧光层发射绿色脉冲光，绿色脉冲光照射到荧光物质上使荧光物质激发并发出红光，由于氧分子可以带走能量（猝灭效应），所以激发红光的时间和强度与氧分子的浓度成反比。

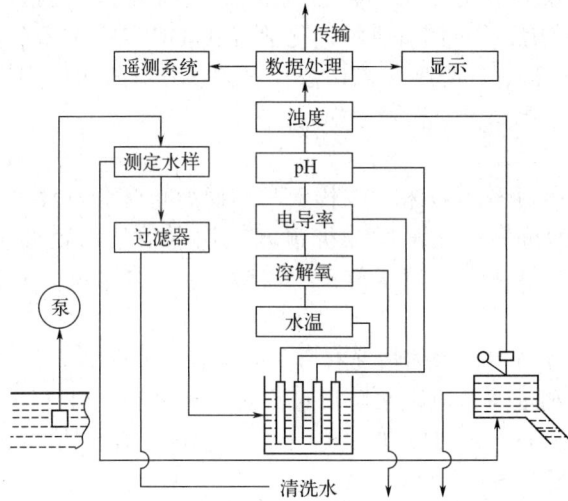

图9.2　常规水质五参数自动监测原理示意图

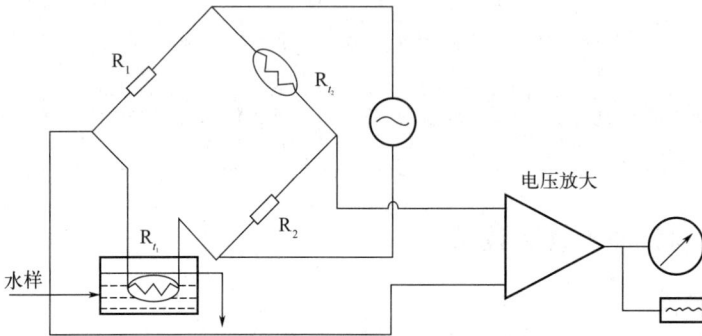

图9.3　热电阻电极法在线测定浊度

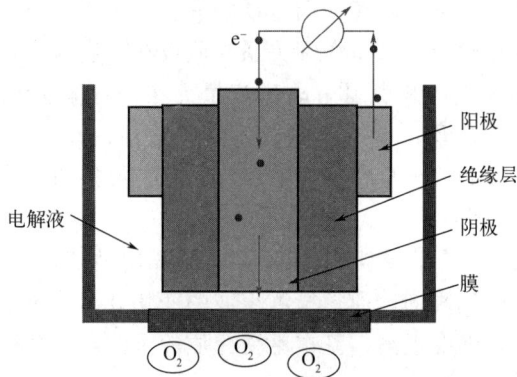

图9.4　金-银膜电极法测定DO

90

（3）有机物指标监测设备和技术

有机物的检测指标包括高锰酸钾指数（常用于地表水、地下水等）、化学需氧量（常用于污水、废水）、总有机碳等。高锰酸钾指数和COD在线自动监测仪综合运用了流动注射技术、现代传感技术、电化学技术、自动测量技术、计算机应用技术、自动控制技术及现代光机电技术等。高锰酸钾指数和COD在线自动监测仪基于检测原理和检测器的不同种类比较多。

高锰酸钾指数在线自动监测仪的原理基于酸性氧化法、碱性高锰酸钾氧化-电位滴定法或分光光度法，其分析原理如图9.5所示。

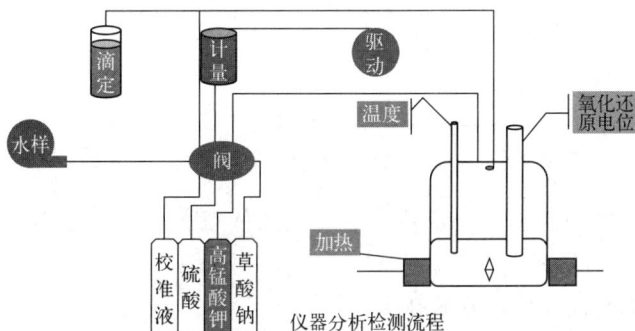

图9.5　高锰酸钾指数在线自动监测仪分析原理

常见的COD在线自动监测仪基于快速消解分光光度法，将水样、重铬酸钾、硫酸银（催化剂）和浓硫酸通过流动注射、自动控制等在消解池中混合，然后被加热到175℃。在此期间铬离子被还原而改变了颜色，颜色的改变度与样品中有机化合物的含量相对应，仪器通过比色换算直接将样品的COD显示出来。另外，COD在线自动监测仪还有臭氧法、羟基自由基法等使用不同氧化剂的方法，终点显示的方法有氧化还原滴定法、电位滴定法、库仑滴定法、电流法等，例如羟基自由基（臭氧）氧化-电化学测量法。

总有机碳在线监测技术包括直接燃烧氧化-非分散红外法、过硫酸钠-紫外催化氧化测量法、过硫酸钠氧化-非分散红外法、燃烧氧化-非分散红外吸收法等。

（4）氨氮监测设备和技术

常见的氨氮检测原理包括水杨酸分光光度法或纳氏试剂比色法，另外还有氨气敏电极法和离子选择电极法。氨气敏电极为一复合电极，以pH玻璃电极为指示电极，银-氯化银电极为参比电极，在碱性条件下，样品中的氨氮变成氨气，水中氨气通过电极膜后对电极内液体pH值的变化进行测量，以标准电流信号输出，pH的变化量正比于氨氮的浓度。氨气敏电极式氨氮自动监测仪工作原理见图9.6。

（5）总氮、总磷在线监测技术

总氮的分析原理是将水样中的含氮化合物氧化分解成亚硝酸根，用化学发光分析法或紫外分光光度法测定。目前，根据氧化分解和测定方法的不同，总氮在线监测方法包括过碱性过硫酸钾消解-紫外分光光度法、密闭燃烧氧化-化学发光分析法。

总磷的分析原理是将水样中的各种形态的磷元素分解为磷酸盐。总磷的在线监测方法包括过硫酸盐消解-钼酸铵分光光度法、紫外线照射-钼催化加热消解-钼酸铵分光光度法。

（6）余氯自动监测设备和技术

余氯自动监测设备简称余氯分析仪，传统的在线余氯仪均采用电化学法，传感器采用隔

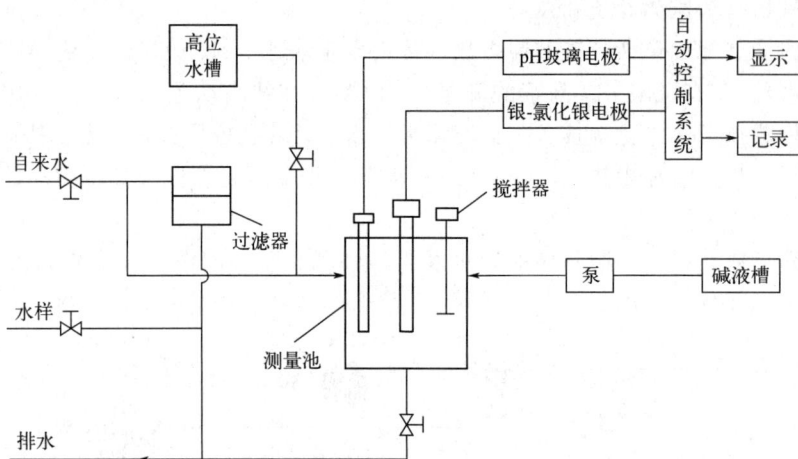

图 9.6　氨气敏电极式氨氮自动监测仪工作原理

膜电解池。目前吸光度法也被广泛应用，吸光度法一般采用的显色剂为 DPD（N,N-二乙基-1,4-苯二胺）。

（7）其他参数的在线监测设备和技术

① 叶绿素 a 在线荧光分析法。叶绿素在线监测仪测量的基本原理是基于叶绿素发射出的荧光光谱。仪器采用高灵敏度的光电倍增管作为检测器，可以检测到 $\mu g/kg$ 级低浓度的物质。

② 水中阴离子、阳离子在线监测。水中阴离子、阳离子的在线监测可以采用便携式离子色谱法。

③ 钠离子在线监测仪。钠离子在线监测通常采用选择电极法。

④ 重金属在线监测仪。重金属在线监测的原理有溶出伏安法和分光光度法，目前都有现成的商品监测仪。其中分光光度法金属在线监测仪器的设计是基于某些重金属可以与特定化学物质发生化学反应生成有色物质，通过分光光度法进行定量分析，可以监测总镍、总镉、总铜、总铬、总铅、总砷、总锌、六价铬、铜离子、镍离子、锰等。

⑤ 无人船环境监测。以小型船舶为基础，集定位、导航与控制、监测设备为一体，以遥控/自主的工作方式完成相关环境监测。用于港口、河道、水库、码头、污染水域等区域的多要素（例如温度、盐度、叶绿素、溶解氧、pH 等）同步监测。

9.4　环境空气质量在线监测

9.4.1　环境空气质量自动分析技术

环境空气质量自动监测的监测项目包括污染参数和气象参数两大类型。国控网络城市的污染参数中，必测项目为二氧化硫、氮氧化物、一氧化碳、PM_{10} 和 $PM_{2.5}$，选测项目为臭氧和总烃。省控网站的自动监测系统的监测项目由各地视具体情况而定。气象参数包括气温、气压、湿度、风速、风向、太阳辐射等。

目前用于自动分析的技术主要包括：

① 湿化学法：例如通过测定 SO_2 经过 H_2O_2 溶液吸收后的电导率变化来间接测

定 SO_2。

② 传统光学法：例如紫外荧光法监测 SO_2、化学发光法监测 NO_x、非分散红外吸收法监测 CO、紫外吸收法监测 O_3 等。我国目前主要采用此类技术。

③ 长光程差分吸收光谱法：新型光学分析方法，可同时测定光程中多种污染物的平均浓度。

④ PM_{10} 和 $PM_{2.5}$ 多采用 β 射线吸收法或石英振荡天平法进行自动监测。

湿化学法装置较便宜，但故障率高，维护工作量大，现已不再作为国家标准方法，很少使用。传统光学法结构简单，测定准确可靠，维护量小，已逐步取代湿化学法。长光程差分吸收光谱法能够同时测定多种污染物，是未来环境空气质量自动监测的发展方向。

9.4.2　环境空气质量自动监测技术

（1）氮氧化物（NO_x）在线监测技术

NO_x 在线监测方法主要有化学发光法和定位电解法。双反应室双检测器型氮氧化物测定仪如图 9.7 所示。化学发光法 NO_x 分析仪的原理是 NO 进入分析仪的反应室，在反应室与过量的 O_3 混合并发生化学发光反应产生激发态的 NO_2^*，激发态的 NO_2^* 分子再返回基态，过程中会发出一定能量的光子，发光强度与样气中的 NO 浓度成正比。进样空气分成两路，NO 从一路直接进入反应室，NO_2 从另一路通过催化剂转化器（钼催化）被转变为 NO，然后进入反应室。该方法响应快、选择性好、灵敏度高、检测限低（NO 可达到 $10^{-3}\mu mol/mol$ 级）、线性范围宽，是目前我国空气质量自动监测的标准方法。

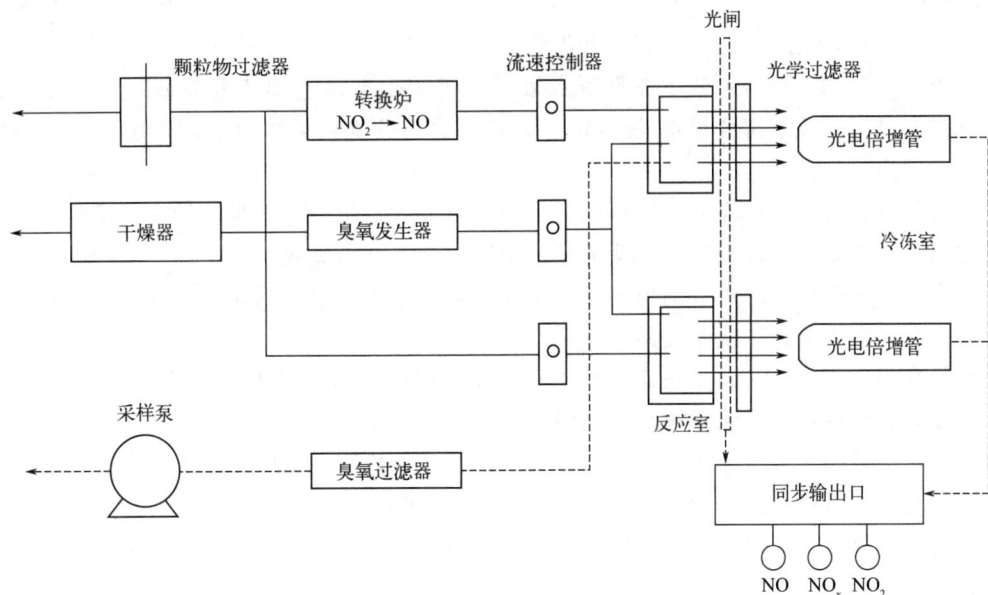

图 9.7　双反应室双检测器型氮氧化物测定仪

定位电解法适用于固定源烟气，烟气样品进入电化学传感器，NO 和 NO_2 透过选择性透气薄膜进入电解池，在电解液中 NO 和 NO_2 在一定的氧化电位下进行电解，根据电解电流计算 NO 和 NO_2 的浓度。

（2）SO_2 在线监测技术

二氧化硫的检测方法主要包括分光光度法、滴定分析法、电化学检测法、极谱法、物理或化学吸收法、化学发光法、流动注射法和离子色谱法等。例如紫外脉冲荧光法在线监测 SO_2，利用脉冲化的紫外光（200～220nm）激发 SO_2 分子，处于激发态的 SO_2 分子返回基态时放出荧光（240～420nm），所放出的荧光强度与 SO_2 的浓度呈线性关系，从而测出 SO_2 的浓度。该方法响应快、选择性好、灵敏度高、不消耗试剂、对温度和流量波动不敏感、稳定性好。该方法是目前我国点式空气质量自动监测系统中应用较广泛的 SO_2 监测方法。

（3）CO 在线监测技术

CO 的自动连续监测方法包括非色散红外吸收法和气体滤波相关红外吸收法。两种方法的基本原理相同，都是基于 CO 对红外光具有选择性吸收（吸收峰在 $4.5\mu m$ 附近），在一定浓度范围内，其吸光度与 CO 浓度之间的关系符合朗伯-比尔定律。气体滤波相关红外吸收法是非色散红外吸收法的改进，是通过比较样品气中被测气体红外吸收光谱的精细结构进行定量分析，比较时使用较高浓度的被测气体作为红外光的过滤器。例如可调谐半导体激光吸收光谱法 CO 监测仪，获取被测气体特征吸收谱线的相关光谱信息，通过选择合适的吸收谱线，避免背景气体对 CO 测量造成交叉干扰。半导体激光器发出所需特定波长的窄带激光束，经过被测气体时，激光束强度的衰减量与被测气体浓度具有一定的函数关系，从而实现对被测气体的定量分析。

（4）臭氧在线监测技术

我国目前测定臭氧的标准方法主要有《环境空气　臭氧的测定　靛蓝二磺酸钠分光光度法》（HJ 504—2009）和《环境空气　臭氧的测定　紫外光度法》（HJ 590—2010）两种人工分析方法，自动监测方法主要有紫外吸收法和差分吸收光谱法。

紫外吸收法是根据臭氧分子在低压水银灯光谱 253.7nm 处具有特征吸收，其吸收强度与臭氧浓度之间的关系符合朗伯-比耳定律。这种方法的优点是可以实现连续监测，简单方便，灵敏度高。

差分吸收光谱法利用臭氧在紫外波段具有很强的吸收带，这些吸收带主要是由随波长慢速变化的吸收宽带和随波长快速变化的吸收窄带组成，窄带吸收主要是由臭氧分子特征吸收造成。采用差分吸收光谱可分离出随波长快速变化的窄带吸收，从而进行臭氧浓度的测量。

（5）挥发性有机物在线监测系统

目前我国大气 VOCs 在线自动监测领域中用得最广泛的是富集-热脱附-气相色谱法。空气中挥发性有机物连续监测系统采用低温或捕集阱等方式富集浓缩，然后通过热解吸等方式经过气相色谱分离，并由氢火焰离子化器或质谱检测器检测。采用该方法的大气挥发性有机物连续监测系统可以连续自动测量 90 余种挥发性有机物，测量对象涵盖了烃类、卤代烃和含氧挥发性有机物等，具有响应时间快、灵敏度高等特点，适用于光化学烟雾监测、城市空气复合污染成因研究等。

近年来，VOCs 的在线监测技术迅速发展，如在线气相色谱技术、质子转移反应质谱技术、飞行时间质谱技术、傅里叶变换红外光谱技术、激光光谱技术等，用于连续监测污染源中挥发性有机物。

目前关于 VOCs 分析的标准包括：《环境空气挥发性有机物气相色谱连续监测系统技术要求及检测方法》（HJ 1010—2018）、《环境空气和废气　挥发性有机物组分便携式傅里叶红外监测仪技术要求及检测方法》（HJ 1011—2018）、《环境空气和废气 总烃、甲烷和非甲烷总烃便携式监测仪技术要求及检测方法》（HJ 1012—2018）、《固定污染源废气非甲烷总烃连续监测系统技术要求及检测方法》（HJ 1013—2018）、《固定污染源废气 总烃、甲烷和非甲烷总烃的测定 气相色谱法》（HJ 38—2017）。

（6）长光程差分吸收光谱仪

差分吸收光谱（DOAS）技术是基于发射单元内的高压氙灯光源向远距离的接收单元发出一束强平行光（波长范围 180～700nm），光线在空气中传输时，在其光程中的 SO_2、NO_x、O_3 等气体分子会在不同波段对光产生特征吸收，光束到达接收单元经聚焦后通过光缆被送入分光光度计内部。光度计中的旋转光栅将接收的光束按一定波宽（如 40nm）进行连续的逐段分光展开，每段展开的光束被精细扫描（例如按照 0.04nm 的间隔扫描），由光电检测器检测信号，最终可同时得到多种气态分子各自特征吸收光谱，通过对特征吸收光谱的鉴别和朗伯-比尔定律进行计算机差分拟合计算得到整个光程内各种气态物质的平均浓度。因此，DOAS 系统的监测范围很广，一台仪器可同时监测多种不同气体的质量浓度，所测得的气体浓度是沿几百米到几千米长的光路上的气体浓度的均值，因而可以消除某些比较集中的污染排放源对测量的干扰，测量结果更具代表性。该方法是非接触性测量，可避免一些传统方法的误差源的影响，如采样器壁的吸附损失等，测量周期短，响应快。

（7）颗粒物在线监测技术

遵守《环境空气颗粒物（PM_{10} 和 $PM_{2.5}$）连续自动监测系统技术要求及检测方法》（HJ 653—2021），规定对于颗粒物（PM_{10} 和 $PM_{2.5}$）的在线监测方法为微量振荡天平法和 β 射线法。

微量振荡天平法是在质量传感器内使用一个振荡空心锥形管，在其振荡端安装可更换的滤膜，振荡频率取决于锥形管特征和其质量。当采样气流通过滤膜，其中的颗粒物沉积在滤膜上，滤膜的质量变化导致振荡频率变化，通过振荡频率变化计算出沉积在滤膜上颗粒物的质量，再根据流量、现场环境温度和气压计算出该时段颗粒物的质量浓度。

β 射线法原理是计算颗粒物对射线强度衰减影响值，实现空气颗粒物的自动监测。在仪器中，滤膜的两侧分别设置了 β 射线源和 β 射线检测器。β 射线穿过滤膜时颗粒物的存在使其发生散射，导致 β 射线发生不同程度的衰减，因此 β 射线检测器的输出信号能直接反映采集样品前后的滤膜上颗粒物的质量变化，仪器通过分析 β 射线检测器的信号变化得到一定时段内采集的颗粒物质量数值，结合同时段内采集的气流体积，最终报告出采样时段的颗粒物浓度。

（8）大气重金属在线监测技术

重金属在线监测仪可广泛用于工业污染区、居民区、背景站等环境空气质量监测场所中总悬浮颗粒物（TSP）、PM_{10} 及 $PM_{2.5}$ 浓度测定及其中的铅、汞、铬、镉、砷等多种重金属污染物的在线监测。采用 β 射线吸收法和 X 射线荧光技术（XRF）可实现颗粒物浓度和重金属浓度的同时测量。

仪器采用精密恒流采样系统进行采样，精确控制采集的空气体积，同时通过滤膜富集空气中的颗粒物，利用 β 射线吸收法检测富集在滤膜上的颗粒物含量。

（9）走航监测质谱技术

走航监测质谱是一种将实时在线质谱装载于车辆等移动工具上（图 9.8），通过计算机将测量信号和仪器地理位置信息整合输出为图像结果,进行空气中挥发性有机物(VOCs)实时在线测量的新技术。该技术具有高时空分辨率、灵活机动等特点,主要应用于大气中VOCs 的溯源工作,协助环保部门进行空气污染定责。

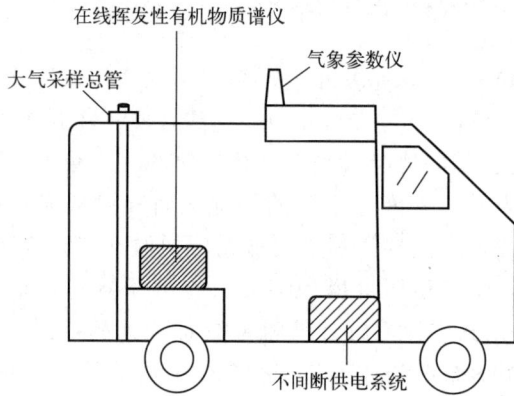

图 9.8 车载走航监测质谱

9.5 生物化学传感器

生物传感器利用生物识别物质与待测物质结合,通过信号转换器转变为可输出的光、电等信号。例如全细胞生物传感器、酶生物传感器、免疫传感器、DNA 电化学生物传感器、基于微生物燃料电池的生物传感器等众多传感器。

(1)全细胞生物传感器

① 水中生化需氧量(BOD)生物传感器:通过在琼脂糖凝胶、藻酸盐内截留蛋白水解酶、β-半乳糖苷酶、淀粉酶,或者通过硝酸纤维膜、乙酸纤维素膜固定红罗球菌、毛孢子菌、丁酸梭菌等,将其与常规氧电极结合,可检测水中的生化需氧量。

② 溶解氧(DO)生物传感器:利用具备阴离子表面活性剂烷基苯磺酸降解作用的细菌和氧电极组成生物传感器,根据阴离子表面活性剂降解速率与细菌呼吸作用之间的关系,进行水中溶解氧的监测。

(2)基于导电聚合物(聚噻吩、聚苯胺、聚亚苯基乙烯等多种类型)的酶生物传感器

① 农残生物传感器:例如将丁酰胆碱酯酶(或酪氨酸酶、葡萄糖氧化酶、变旋酶、碱性磷酸酶等固定化酶)与铂电极连接成换能器,根据农药莠去津、3,4-二氯草酚或其他有机磷类农药对酶的抑制作用,检测土壤环境中的农药残留量。

② 重金属生物传感器:例如将—SH 催化基团的酶(丙酮酸氧化酶等)固定在膜表面,然后膜与溶解氧传感器相连接,可以测定环境中的银离子、汞离子含量。

③ 水中苯酚化合物生物传感器:例如利用苯酚氧化酶、黄素单氧合酶为识别元件的酶电极安培传感器,监测水中苯酚化合物。

④ 监测大气环境中二氧化硫的生物传感器:例如在醋酸纤维膜上固定含亚硫酸盐氧化酶的细胞器并连接氧电极,可以监测大气环境中二氧化硫浓度。

由于环境基质比较复杂、干扰较多,生物传感器在环境监测中的应用还在发展中,主要

问题是精确度、稳定性难以保障。随着材料学、微电子学、生物信息学等的发展，这些问题将会逐步解决，生物传感器在环境监测领域也将会有更加广阔的应用空间。

9.6 遥感监测技术

9.6.1 遥感技术概述

地球上所有物质，因为种类、组成或环境条件不同，具有吸收、反射或辐射不同波长电磁波的能力和特性，即光谱特征。在同一光谱区间不同种类物体光谱特征不同，即使同一物体，在不同时间、地点或环境，因太阳光照射角度不同，反射和吸收的光谱特征也会不相同。例如雪、湿地、小麦、沙漠的光谱反射率曲线存在很大差异，很容易区分开。遥感技术利用这一特性探测目标对象吸收、反射和辐射的电磁波，获取目标信息，从而远距离识别物体。广义上理解，遥感泛指一切无接触的远距离探测，包括对电磁场、力场、机械波（声波、地震波）等的探测。狭义的遥感特指通过利用各种对电磁波敏感的传感器，在远离目标和非接触目标物体条件下探测目标物，获取其吸收、反射、辐射的电磁波信息，进行处理、分析与应用的一门科学和技术。

遥感技术按照工作的电磁谱段分为可见光遥感、红外遥感、多谱段遥感、紫外遥感、微波遥感，按传感器工作原理分为主动遥感和被动遥感，按工作平台分为地面遥感、航空遥感、航天遥感和航宇遥感，按信息获取方式分为成像遥感和非成像遥感，按波段宽度和连续性分为宽波段遥感（常规遥感）和高光谱遥感，按应用领域分为环境遥感、城市遥感、农业遥感、林业遥感、海洋遥感、地质遥感、气象遥感、军事遥感、考古遥感等。

9.6.2 遥感技术的特征

① 能够实现大面积、同步观测，可进行大面积资源和环境调查，且不受地形阻隔等限制。

② 数据多源性特征，可以结合多种平台、多时相、多波段数据进行综合观测。

③ 时效性高，能够动态、快速更新监控范围数据。可在短时间内对同一地区进行重复监测，探查目标物的动态变化。

④ 综合性和可比性高。遥感数据所得目标物电磁波特性数据反映自然、人文信息，客观记录地面实际状况，数据综合性很强。不同卫星传感器或同一传感器在不同时间获得的数据均具有可比性。

⑤ 经济性比较高。遥感比传统监测方法节省人力、物力、财力和时间，具有很高的经济效益和社会效益。

目前遥感技术主要的问题是信息提取方法不能满足遥感快速发展的要求，数据的挖掘技术还需要进一步完善，从而使大量的遥感数据得到更有效的利用。另外，环境污染监测结果精度还有待提高。

9.6.3 遥感技术应用

（1）水环境遥感监测

水环境遥感监测主要应用于两个方面，一是对河流、湖泊、水库和海洋等各种水体的面积、温度、深浅及其变化等进行监测，为资源调查、生态环境评估等提供最新准确数据；二是对水体环境污染情况进行监测，通过监测污染水体的反射、辐射、吸收特征及其变化，结合相关水样污染物的分析测验数据建立反演数学模型，进行模型检验、调整、验证，再应用遥感数据进行大面积、多时段甚至实时监测，快速准确确定水污染状况。

水体污染监测常用于海水面石油污染、水中悬浮物含量、污水排放、热污染、各种藻类如叶绿素浓度反演等，也可监测、追踪突发性水污染事故的污染源、污染浓度和范围。例如红外遥感可测量大面积水体温线分布，卫星遥感技术结合紫外摄影可侦察水表面的油膜及其移动方向，利用污染物的荧光特性可探测该类污染物的污染强度和范围。例如利用遥感数据开展湖泊、水库蓝藻藻华的预测管理。图9.9为水库蓝藻藻华遥感图像，图9.10为某蓝藻藻华的监测预警指标体系。

图9.9（彩）

图9.9　水库蓝藻藻华遥感图像

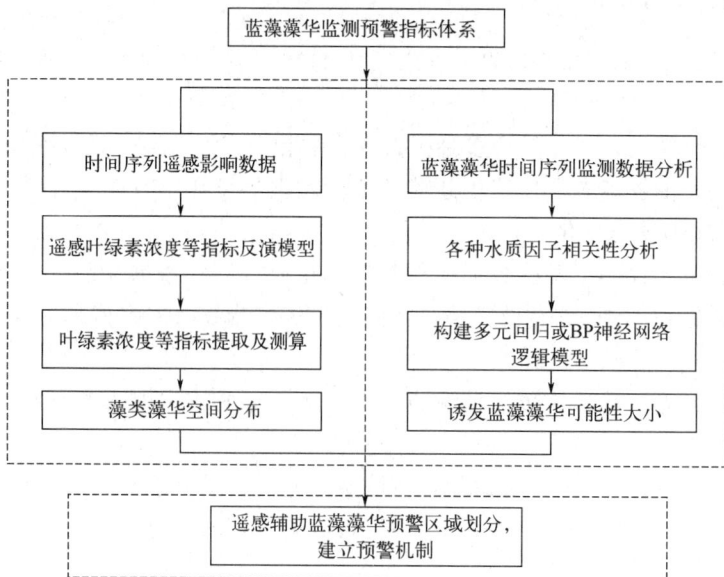

图9.10　某蓝藻藻华的监测预警指标体系

（2）大气环境遥感监测

遥感技术可用于常规气象要素监测，例如大气垂直温度剖面、大气垂直湿度剖面、降水量及频度、云覆盖率和长波辐射、风速和风向、地球辐射收支等。环境污染方面，遥感技术可以监测臭氧层、大气气溶胶、温室气体（如 CO_2、甲烷）以及一些有害气体、沙尘等，能够监测城市热岛效应，可以监测大气污染（污染物或热污染）源，可以实现短时间内获知大范围的大气污染源的分布、污染源周边扩散条件、污染物扩散影响范围等信息。

监测大气污染物常用的遥感仪器有气体滤光分析器、红外干涉仪、傅里叶变换干涉仪、可见光辐射偏振仪和激光雷达等。红外干涉仪可以分辨 CO、N_2O、NO_2、氨和碳酸等污染物组分。傅里叶变换干涉仪可用于测定 SO_2、NO_2、N_2O 和氨等。测量大气中的悬浮颗粒物一般应用可见光辐射偏振仪和激光雷达。激光测量技术已应用于测量大气中尘埃、烟雾、烟尘等悬浮颗粒，并已在航天飞船上应用。利用遥感数据估算大气颗粒物质量浓度已成为近年来的新趋势，作为非常有效的技术为大气污染防治提供科学依据和技术支撑。

（3）生态环境遥感监测

主要用于调查、监测和评价土地沙漠化、植被变化、湿地环境、城市生态环境等。利用遥感技术监测生态环境中的植被覆盖度、叶面积指数、生物量、生产力、土壤水分、坡度、人类活动程度等参数，通过模型或者参数集成，进行生态环境的现状评价或变化监测。例如利用遥感手段监测国家重大工程如三峡工程、南水北调工程、青藏铁路等的建设及运行对周边区域生态环境要素如土壤、植被等的影响。

另外，遥感技术还可以实现对工业、农业生产、生活中的固体废物的堆放点的分布、面积、数量进行监测和估算。

9.7　应用案例及拓展阅读

（1）国家、地方和行业标准中的应用

环境自动监测技术在行业标准中的应用见表9.2。

表 9.2　环境自动监测技术在行业标准中的应用

标准号	标准名称	适用范围
HJ 377—2019	《化学需氧量（COD_{Cr}）水质在线自动监测仪技术要求及检测方法》	地表水、生活污水和工业废水的化学需氧量（COD_{Cr}）水质在线自动监测仪的指导生产设计、指导应用选型和开展性能检验
HJ 609—2019	《六价铬水质自动在线监测仪技术要求及检测方法》	六价铬水质自动在线监测仪的生产设计、应用选型和性能检测
HJ/T 191—2005	《紫外（UV）吸收水质自动在线监测仪技术要求》	UV 仪的研制、生产和性能检验
HJ 915—2017	《地表水自动监测技术规范（试行）》	环保部门建设的地表水水质自动监测系统
HJ 1190—2021	《水质　灭菌生物指示物（枯草芽孢杆菌黑色变种）的鉴定　生物学检测法》	规定了鉴定水中灭菌生物指示物（枯草芽孢杆菌黑色变种）的生物学方法，适用于微生物实验室灭菌效果的评价
HY/T 135—2010	《海床基海洋环境自动监测平台系统》	海床基平台系统的生产、出厂检验和型式检验
HJ 653—2021	《环境空气颗粒物（PM_{10} 和 $PM_{2.5}$）连续自动监测系统技术要求及检测方法》	环境空气颗粒物（PM_{10} 和 $PM_{2.5}$）连续自动监测系统的设计、生产和检测
HJ 1230—2021	《工业企业挥发性有机物泄漏检测与修复技术指南》	工业企业开展设备与管线组件、废气收集系统输送管道组件挥发性有机物泄漏检测与修复工作

标准号	标准名称	适用范围
HJ 1225—2021	《环境空气 臭氧的自动测定 化学发光法》	环境空气中臭氧的自动测定
HJ 1044—2019	《环境空气 二氧化硫的自动测定 紫外荧光法》	环境空气中的二氧化硫的自动测定
HJ 1043—2019	《环境空气 氮氧化物的自动测定 化学发光法》	环境空气中的一氧化氮、二氧化氮和氮氧化物的自动测定
HJ 1013—2018	《固定污染源废气非甲烷总烃连续监测系统技术要求及检测方法》	固定污染源废气中非甲烷总烃连续监测系统的设计、生产和检测
HJ 965—2018	《环境空气 一氧化碳的自动测定 非分散红外法》	环境空气中一氧化碳的自动测定
HJ 818—2018	《环境空气气态污染物(SO_2、NO_2、O_3、CO)连续自动监测系统运行和质控技术规范》	各级环境监测站(中心)及其他环境监测机构(含社会环境监测机构)采用连续自动监测系统对环境空气气态污染物(SO_2、NO_2、O_3、CO)进行监测时的运行管理与质量控制
HJ 907—2017	《环境噪声自动监测系统技术要求》	环境噪声自动监测系统的应用选型和检测
HJ 477—2009	《污染源在线自动监控(监测)数据采集传输仪技术要求》	数据采集传输仪的选型使用和性能检测
CJ/T 408—2012	《好氧堆肥氧气自动监测设备》	好氧堆肥氧气自动监测装备
CJ/T 369—2011	《堆肥自动监测与控制设备》	有机废物堆肥的自动监测与控制设备

环境自动监测技术在地方标准中的应用见表 9.3。

表 9.3 环境自动监测技术在地方标准中的应用

标准号	标准名称	省级行政区	适用范围
DB12/T 1084—2021	《地表水水质自动监测站站址论证技术指南》	天津	天津市辖区内地表水水质自动监测站的选址
DB44/T 2028—2017	《地表水自动监测系统数据传输规范》	广东	广东省地表水自动监测站和数据监控平台之间的数据交换运输
DB37/T 5042—2015	《城镇供水水质在线监测系统技术规范》	山东	城镇供水水源、水厂、管网的全过程水质在线监测系统的建设与运行管理
DB43/T 969—2014	《污染源排放废水锰、铅、镉在线监测系统技术规范》	湖南	湖南省污染源排放废水锰、铅、镉在线监测系统中监测站房的建设,在线监测仪的安装、验收与运行考核
DB44/T 1947—2016	《固定污染源 挥发性有机物排放连续自动监测系统 光离子化检测器(PID)法技术要求》	广东	广东省固定污染源总挥发性有机物排放连续自动监测系统(光电子化检测法)的应用选型、性能检验及验收
DB34/T 4275—2022	《城市声环境功能区自动监测点位布设技术规范》	安徽	安徽省城市声环境功能区自动监测点位的规划、设立和管理
DB35/T 1521—2015	《环境空气气态污染物过氧乙酰硝酸酯(PAN)连续自动监测方法》	福建	环境空气气态污染物 PAN 连续自动检测系统的设计、生产及检测
DB41/T 2199—2021	《固定污染源废气 氨排放连续监测技术规范》	河南	固定污染源废气中氨排放连续监测系统的建设、运行和管理

标准号	标准名称	省级行政区	适用范围
DB44/T 753—2010	《环境噪声自动监测技术规范》	广东	对户外各类声环境功能区噪声进行连续自动监测及评价,不适用于机场噪声监测
DB13/T 5500—2022	《固定污染源挥发性有机物核查与监测技术指南》	河北	固定污染源挥发性有机物(VOCs)排放控制管理
DB45/T 2318—2021	《环境空气质量自动监测站建设技术规范》	广西壮族自治区	广西行政区域内各级单位建设的环境空气质量自动监测站建设工作,不适用于微型站建设
DB45/T 2317—2021	《土壤环境监测数据库结构规范》	广西壮族自治区	广西行政区域内土壤环境监测数据库建设及数据交换
DB34/T 3895—2021	《转移、倾倒和填埋固体废物类环境事件快速监测技术规程》	安徽	安徽省境内转移、倾倒和填埋固体废物类环境事件的固体废物中污染物筛查和危险特性快速监测,不适用于放射性废物污染物筛查和危险特性监测
DB41/T 2269—2022	《农田土壤墒情自动监测站建设规范》	河南	农田土壤墒情自动监测站建设

与遥感监测有关的国家标准和地方标准示例见表9.4。

表 9.4　与遥感监测有关的国家标准和地方标准示例

标准级别	标准号	标准名称
国家	GB/T 41450—2022	《无人机低空遥感监测的多传感器一致性检测技术规范》
	GB/T 29391—2012	《岩溶地区草地石漠化遥感监测技术规程》
	GB/T 28923.2—2012	《自然灾害遥感专题图产品制作要求　第2部分:监测专题图产品》
	GB/T 28419—2012	《风沙源区草原沙化遥感监测技术导则》
青海	DB63/T 2045—2022	《高寒植被覆盖度遥感监测技术与评估规范》
	DB63/T 2047—2022	《高寒草地退化遥感监测技术与评价方法》
石家庄	DB1301/T 385—2021	《小麦撂荒耕地遥感监测技术规程》
	DB1301/T 319—2019	《冬小麦苗情遥感监测规程》
	DB52/T 1373—2018	《极轨卫星遥感监测地表温度》
江苏	DB32/T 4324—2022	《河湖库利用变化高分遥感监测规范》
	DB32/T 3781—2020	《遥感监测小麦苗情及等级划分》
	DB32/T 2430—2013	《大田小麦长势遥感监测操作规范》
陕西	DB61/T 1131—2018	《苹果树长势遥感监测技术规程》
	DB61/T 1040—2016	《小麦条锈病、白粉病遥感监测规程》
黑龙江	DB23/T 3176—2022	《草原物候关键期遥感监测技术规程》
	DB23/T 3177—2022	《应用MODIS遥感数据进行天然草原生产力遥感监测技术规程》
	DB23/T 3150—2022	《自然保护地人类活动遥感监测技术规程》
四川	DB51/T 1963—2015	《草原生态工程生态效益遥感监测技术规范》
	DB51/T 1846—2014	《草原返青遥感监测技术规范》

与遥感监测有关的行业标准示例见表9.5。

表 9.5　与遥感监测有关的行业标准示例

行业类型	标准号	标准名称
环境保护	HJ 1264—2022	《卫星遥感细颗粒物（PM$_{2.5}$）监测技术指南》
	HJ 1213—2021	《滨海核电厂温排水卫星遥感监测技术规范（试行）》
	HJ 1156—2021	《自然保护地人类活动遥感监测技术规范》
	HJ 1098—2020	《水华遥感与地面监测评价技术规范》
	HJ 1008—2018	《卫星遥感秸秆焚烧监测技术规范》
农业	NY/T 3921—2021	《面向农业遥感的土壤墒情和作物长势地面监测技术规程》
	NY/T 4065—2021	《中高分辨率卫星主要农作物产量遥感监测技术规范》
	NY/T 3922—2021	《中高分辨率卫星主要农作物长势遥感监测技术规范》
	NY/T 3526—2019	《农情监测遥感数据预处理技术规范》
	NY/T 3527—2019	《农作物种植面积遥感监测规范》
	NY/T 3528—2019	《耕地土壤墒情遥感监测规范》
	NY/T 2738.1—2015	《农作物病害遥感监测技术规范　第1部分:小麦条锈病》
	NY/T 2739.1—2015	《农作物低温冷害遥感监测技术规范　第1部分:总则》
	NY/T 2739.2—2015	《农作物低温冷害遥感监测技术规范　第2部分:北方水稻延迟型冷害》
	NY/T 2739.3—2015	《农作物低温冷害遥感监测技术规范　第3部分:北方春玉米延迟型冷害》
水利	SL/T 750—2017	《水旱灾害遥感监测评估技术规范》
土地管理	TD/T 1010—2015	《土地利用动态遥感监测规程》
林业	LY/T 2021—2012	《基于TM遥感影像的湿地资源监测方法》
地质矿产	DZ/T 0296—2016	《地质环境遥感监测技术要求1∶250000》

（2）拓展阅读

智慧监测系统是当前环境监测领域的未来，依托大数据（包括传感器网络、卫星遥感数据和地面监测站点）的采集和处理，借助人工智能技术的发展，可以实现对环境要素的全方位、全天候、智能的监测、分析和预测。人工智能系统通过深度学习技术，运用更先进的算法，可以将多源异构数据进行整合，加深对环境问题全貌的理解，提高了监测系统的准确性、实时性和完整性，实现对环境变化的快速感知和应变。污水厂水质预警的智慧监测案例见二维码9-1。

二维码 9-1

课后习题

第九章习题

第十章 突发环境事件应急监测技术

10.1 突发环境事件的特征与危害

突发环境事件是指由于污染物排放或自然灾害、生产安全事故等因素，导致污染物或放射性物质等有毒有害物质进入大气、水体、土壤等环境介质，突然造成或可能造成环境质量下降，危及公众身体健康和财产安全，或造成生态环境破坏、重大社会影响，需要采取紧急措施予以应对的事件，主要包括大气污染、水体污染、土壤污染等突发性环境污染事件和辐射污染事件。

一般来说，突发环境事件无特定的污染排放途径和排放方式，可能导致水体污染事件、大气污染事件、土壤污染事件、噪声和振动危害事件、放射性污染事件以及生物多样性的破坏等；从污染源性质来看，可以划分为固定源污染事件和流动源污染事件；按照突发环境事件的严重性和紧急程度，根据《国家突发环境事件应急预案》（2015 年），又可分为特别重大突发环境事件（Ⅰ级）、重大突发环境事件（Ⅱ级）、较大突发环境事件（Ⅲ级）和一般突发环境事件（Ⅳ级）；究其发生原因，大致可以划分为工业生产废物的非法排放、工业生产的安全事故、运输工具的破损、危险化学品仓储设施的破坏、废弃物场地或废弃工业设施的污染、泄洪等含大量耗氧污水的突然集中排放。突发环境事件案例主要具有以下几个特征：

① 形式多样。突发环境事件可来自各种不同行业的不同物质，例如有毒或放射性化学品生产、石化加工等众多行业领域；可能发生在生产、贮存、运输、使用等各个环节的意外泄漏和处置不当的情况下。

② 暴发突然。突发环境事件具有很强的偶然性与意外性，污染物排放途径、排放方式、扩散方式等不定，在瞬间或极短时间内就能造成危害。

③ 危害严重。由于发生突然，形式复杂的污染物在较短时间内大量泄漏，难以监控，破坏力极强，社会公共影响较大。

④ 处理困难。由于突发性环境事件的突发性、危害的严重性，很难在短期内得到有效控制。

10.2 突发环境事件应急监测

10.2.1 突发环境事件应急监测作用

突发环境事件应急监测是指针对可能或已发生的突发环境事件，由环境管理部门组织的为发现和查明环境污染情况（污染物种类、污染范围和污染程度等）而进行的由环境监测机构完成的环境监测，其超出正常监测工作程序，包括定点监测和动态监测。

突发环境事件应急监测要求环境监测人员在事故现场，采用便携、快速的监测仪器和设备，以阐明环境质量状况及其变化趋势为出发点，在尽可能短的时间内对污染物的种类、来源、去向及潜在的次生危害作出正确的判断，为事故处理决策部门快速、准确地提供现场资料动态信息，为有效控制污染范围、缩短事故持续时间提供最有力的技术支持。具体地说，应急监测具有如下作用：

（1）实现事故特征表征

应急监测迅速获得污染事故的初步分析结果，可以提供污染物的种类和理化特性（例如残留毒性、挥发性等）、排放量、形态和排放浓度，结合气象、地理地质、水文水利等条件，预测其环境扩散范围、扩散速率、有无复合型污染、污染物削减或降解速率等。

（2）为应急处置提供技术依据

只有根据现场初步监测分析结果，才能迅速、合理地制订应急处置措施，确保应急反应的有效性，降低事故的危害程度。

（3）实时跟踪事态发展

随着时间、污染物扩散和现场形势的发展变化，应急处置措施需要相应的修正。因此，连续、实时的应急监测对于判断事故对影响区域环境的延续性影响、事件处置措施的改进尤其重要。

（4）为事件评价和事后恢复提供信息

通过对应急监测数据的分析，可以掌握污染事故的类型、等级等信息，为污染事件的后评估、恢复计划制订和修订等工作提供重要、翔实、充分的信息与数据。

10.2.2　环境事件应急监测的基本要求

（1）快速及时

突发环境事件危害严重，对事件处置要分秒必争，因此应急监测人员要提早介入、及时开展工作，及时出具监测数据，尽快为事件处置的正确决策提供科学依据。

（2）准确性

现场应急监测任务的紧迫性要求准确开展定性定量监测，准确出具监测结果报告，确定在不同源强、不同气象条件下、不同环境介质中污染物的浓度分布情况，为污染事件的准确分级提供直接的依据。

（3）代表性

由于时间紧迫、现场复杂，全面、广泛的大面积布点很难实现，因此需要在现场选取最少、最具代表性的监测点位，既能准确表征事故特征，又能为事故处置进程赢得时间。

10.3　应急监测方案的制订

应急监测方案是指在突发环境事件发生后，由环境监测部门编制的有目的、有计划地用于指导监测工作有序开展的实施方案，是对监测过程和方法做出详细规定的指导大纲。应急监测方案主要有三种类型：

（1）初步监测方案

在突发环境事件发生后，在对事故的基本信息不完全了解、时间紧迫的条件下需要快速做出应急监测响应，编制较为简单明了的监测方案。初步监测方案从结构上来讲较为简单，易于操作执行。

（2）总体监测方案

为全面开展应急监测制订的较为完整的方案，在初步方案的基础上进行完善，结构上应包括监测目的、监测内容（因子及频次）、执行标准、质量保证（分析方法、质保措施）以及数据报送的要求等内容。

（3）后续监测方案

后续监测方案是在总体监测方案的基础上进行编制的，框架基本上延续总体监测方案。后续监测方案的监测内容主要侧重于对受到污染的环境介质污染变化趋势的监测，以防止可能残留的污染物对事发地周边的敏感点的影响。后续监测方案也可以针对环保相关部门对水体、土壤等采取的治理措施起到的效果和环境影响评价而编制。

以上三种应急监测方案的框架保持整体一致性，但也存在差异。应急监测方案框架及要素流程图见图10.1。

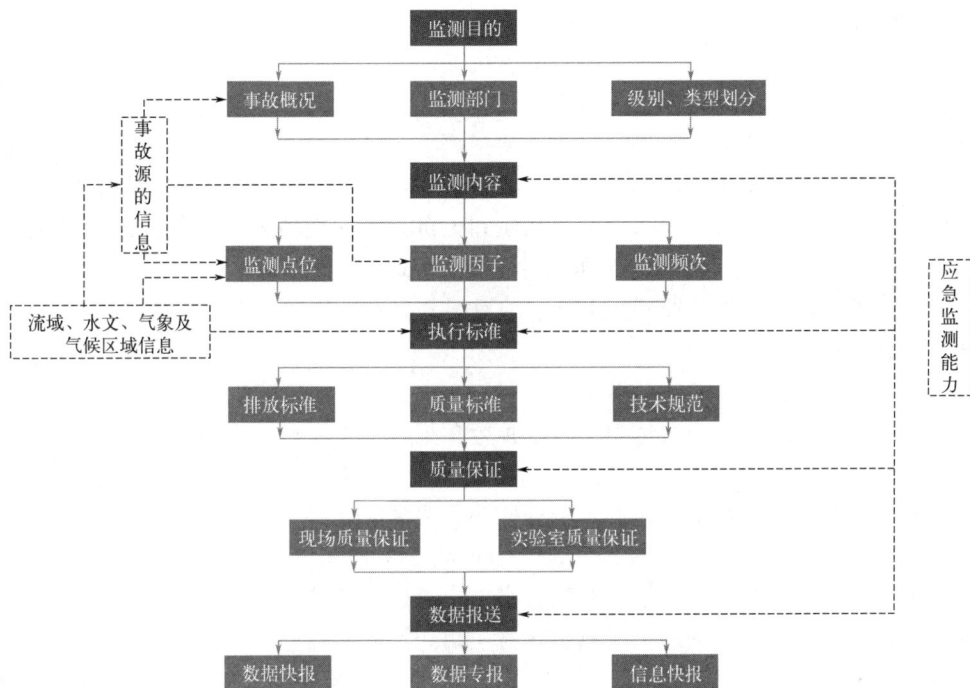

图 10.1　应急监测方案框架及要素流程图

10.4　应急监测技术

随着经济、社会的发展和突发环境事件应急监测要求的逐步提高，几十年来，现场监测仪器已由最早期的检测管和检测箱到如今的便携式应急监测仪器，为现场检测技术与方法的进步提供了可靠的物质保障。根据监测技术的原理及形式不同，可大致将其分为以下几类。

（1）试纸法

试纸法是将经化学试剂浸泡过的化学试纸浸入被测溶液，经显色反应后，与标准比色板比较，进行定量。如测试砷污染的溴化汞试纸，检测灵敏度可达 0.2mg/L。试纸法原理简单、操作快速、测定范围宽，但测定误差较大，是一种半定量的方法。

还有一种侦检片法，与试纸法原理相同。与试纸法相比，其包装形式不同，稳定性有所改善。测定水样时，分别滴加受污水样和空白水样，比较两者颜色变化快慢情况，可作半定量分析。

（2）检测管法

检测管法是将化学试剂封于采用不同密封方式的玻璃管或塑料管中。测试水样时，利用真空或毛细管吸附等作用吸入水样，化学试剂与水样中的化学物质反应、显色后，与标准色板比较确定污染物浓度。根据密封形式的不同，检测管法又可分显色反应型、直接检测型、吸附检测型等。

（3）传感器

传感器法一般采用一个或多个传感器（主要是电化学传感器）集成在仪器内部。仪器结构简单，体积较小，可根据不同的传感器同时测定不同的气体（例如氧气、一氧化碳、硫化氢、氯气等）。

（4）便携式仪器

为了适应应急监测或原位/野外监测的需要，很多小型化的化学分析仪器，即便携/移动式应急监测仪器逐渐发展。这些便携式仪器体积小、重量轻、分析速度快、操作简单、试剂用量少、性能指标达到或接近实验室台式分析仪器。

常见的便携式仪器法有比色法，它利用化学反应显色原理，以便携式分光光度计进行定量测定；电极法，例如便携式阳极溶出法，便携式 pH 仪和 ORP 仪等；配有氢火焰检测器、电子捕获检测器、光离子化检测器等的便携/移动式气相色谱仪；结合傅里叶红外的便携气相色谱质谱仪；可用于土壤及固体的金属物质和无机元素的现场鉴别的便携 X 荧光仪。

另外，随着现代信息技术［数据库技术、地理信息系统（GIS）、全球定位系统（GPS）、无线通信技术及信息管理技术等］的发展及其在环境监测中的应用，应急监测的现代化水平显著提升。

（5）自动监测站和移动式水质监测车（船）

连续在线监测技术的应用对应急监测中预警预报、污染源排查、污染源扩散范围及扩散趋势评估起到了很大作用，是应急监测技术发展的必然趋势。移动式水质监测车（船）的功能和水质自动监测站基本相似，但其可根据监测需要随时调整布设点位，也被称为"移动水站"。监测单元可以根据实际需求灵活配置，比较常见的监测单元有水温、pH、溶解氧、电导率、浊度、氨氮、化学需氧量、高锰酸盐指数、总磷、挥发酚、氰化物、金属等。随着远程控制技术的发展，无人监测船或飞机也日益应用到环境监测中。

大气在线监测技术广泛运用于环境空气质量监测站，监测站主要由采样装置、分析仪器、校准单元、数据采集和传输设备等组成。常见的监测项目有 SO_2、NO_2、O_3、CO、PM_{10}、$PM_{2.5}$ 等，可根据实际需求配置。大气在线监测技术也同样运用于移动式大气监测车，可对特定区域的目标气体进行实时走航监测。

无人船监测装置也可以用于应急监测，可以进入人不便直接进入的地方开展实时监测。无人船的使用最早出现在 20 世纪 30 年代至 20 世纪 40 年代，主要应用于军事领域，随后日益发展，2000 年后欧美国家分别产出了以军事侦察、巡逻为目标的无人船，以监测航道、气象探测以及水质和污染源跟踪为目标的民用无人船。在 2000 年后期，随着无线通信技术等硬件、软件技术的发展，我国开始大力开发无人船环境监测技术。目前无人船成为了一种新型的小型水上监测平台，以小型船舶为基础，集成定位、导航与控制设备，以遥控/自主的工作方式完成相关环境监测。大部分水体监测的传感器均可搭载在无人船上，例如测定温度、盐度、叶绿素、溶解氧、pH 的传感器，测深设备，声呐水下摄像机等，用于港口、河道、水库、码头、污染水域等区域的多要素同步监测。

10.5　突发环境事件应急监测技术规范介绍

为贯彻《中华人民共和国环境保护法》，规范生态环境监测工作，应对应急监测的需要，生态环境部 2022 年 3 月开始实施国家生态环境标准《突发环境事件应急监测技术规范》（HJ 589—2021），规定了突发环境事件应急监测的布点与采样、监测项目与相应的现场监测和实验室监测分析方法、监测数据的处理与上报、监测的质量保证等的技术要求。本标准不适用于核污染事件、海洋污染事件、涉及军事设施污染事件、生物污染事件、微生物污染事件等的应急监测。其他与突发环境事件相关的文件如下：

①《中华人民共和国突发事件应对法》（中华人民共和国主席令 第二十五号）（2024 年 11 月 1 日施行）。

②《中华人民共和国环境影响评价法》（中华人民共和国主席令 第二十四号）（2018 年修正）。

③《危险化学品安全管理条例》（中华人民共和国国务院令 第 645 号）（2013 年修订）。

④《国务院办公厅关于印发国家突发环境事件应急预案的通知》（国办函〔2014〕119 号）。

⑤《突发环境事件信息报告办法》（环境保护部令 第 17 号）。

⑥《突发环境事件应急管理办法》（环境保护部令 第 34 号）。

⑦《企业突发环境事件风险分级方法》（HJ 941—2018）。

⑧《关于建立健全环境保护和安全监管部门应急联动工作机制的通知》（环办〔2010〕5 号）。

⑨《关于进一步加强环境影响评价管理防范环境风险的通知》（环发〔2012〕77 号）。

⑩《关于切实加强风险防范严格环境影响评价管理的通知》（环发〔2012〕98 号）。

与应急监测有关的国家标准示例见表 10.1。

表 10.1 与应急监测有关的国家标准示例

国标编号	标准名称	监测对象
GB/T 28944—2012	《病媒生物应急监测与控制 水灾》	病媒生物
GB/T 27774—2011	《病媒生物应急监测与控制 通则》	病媒生物
GB/T 33413—2016	《病媒生物应急监测与控制 震灾》	病媒生物
GB/T 17680.10—2003	《核电厂应急计划与准备准则 核电厂营运单位应急野外辐射监测、取样与分析准则》	核电厂
GB/T 4835.2—2013	《辐射防护仪器 β、X 和 γ 辐射周围和/或定向剂量当量（率）仪和/或监测仪 第 2 部分：应急辐射防护用便携式高量程 β 和光子剂量与剂量率仪》	核仪器

与应急监测有关的行业标准示例见表 10.2。

表 10.2 与应急监测有关的行业标准示例

行标编号	标准名称	监测对象
HJ 589—2021	《突发环境事件应急监测技术规范》	主要用于因生产、经营、储存、运输、使用和处置危险化学品或危险废物以及意外因素或不可抗拒的自然灾害等原因而引发的突发环境事件的应急监测，包括大气、地表水、地下水和土壤环境等的应急监测
HJ 1155—2020	《辐射事故应急监测技术规范》	主要用于核技术利用、放射性物品运输以及放射性废物处理、贮存和处置设施或活动等原因引发的辐射事故的应急监测
HJ 442.9—2020	《近岸海域环境监测技术规范 第九部分 近岸海域应急与专题监测》	全国近岸水域生态环境质量
HJ 1128—2020	《核动力厂核事故环境应急监测技术规范》	主要用于核动力厂发生核事故时场外应急组织实施的场外环境应急监测
HJ 920—2017	《环境空气 无机有害气体的应急监测 便携式傅里叶红外仪法》	无机有害气体

续表

行标编号	标准名称	监测对象
WS/T 784—2021	《登革热病媒生物应急监测与控制标准》	主要用于出现登革热疫情时白纹伊蚊和埃及伊蚊的应急监测和控制；出现基孔肯雅热、黄热病、寨卡病毒病等疫情时媒介伊蚊的监测与控制可参照本标准执行
SL/T 784—2019	《水文应急监测技术导则》	主要用于江河湖库的堰塞湖、溃口（分洪）、冰凌、风暴潮、重大旱情、水污染等应急处置与防灾减灾中的水文应急监测
EJ/T 20144—2016	《核应急航空监测要求》	主要用于核电厂核事故、辐射事故等核应急航空监测，也适用于失控放射源搜寻的航空测量和反核恐航空监测

与应急监测有关的地方标准示例见表 10.3。

表 10.3　与应急监测有关的地方标准示例

所属地区	地标编号	标准名称	监测对象
内蒙古	DB15/T 2320.1—2021	《国境口岸核生化监测与应急处置能力建设　第 1 部分　总则》	主要用于内蒙古自治区行政区域内国境口岸核生化监测与应急处置能力的建设和管理
	DB15/T 2320.2—2021	《国境口岸核生化监测与应急处置能力建设　第 2 部分：核与辐射》	
	DB15/T 2320.3—2021	《国境口岸核生化监测与应急处置能力建设　第 3 部分：生物战剂》	
	DB15/T 2320.4—2021	《国境口岸核生化监测与应急处置能力建设　第 4 部分：化学毒剂》	
山东	DB37/T 4324—2021	《海洋溢油应急监测技术指南》	主要用于山东省管辖海域内的海洋溢油应急监测
	DB37/T 3599—2019	《突发环境事件应急监测技术指南》	主要用于山东省境内突发环境事件应急监测，包括大气污染、水体污染、土壤污染等的应急监测
山东	DB37/T 3244—2018	《突发海洋环境事件应急监测技术规范　化学污染》	适用于山东省管辖海域内突发海洋环境事件的应急监测
	DB37/T 5041—2015	《城镇供水水质应急监测技术规范》	主要用于城镇供水水质污染事件的应急监测，包括城镇供水水源水、出厂水、管网水、二次供水等水质应急监测
河北	DB13/T 2244—2015	《海水养殖水域溢油污染应急监测技术规范》	主要用于河北省管辖的海水养殖水域受溢油污染的应急监测
重庆	DB50/T 589—2015	《水文应急监测技术规范》	主要用于重庆市行政区域范围内，中小河流发生的山洪、超标洪水、堰塞湖、溃涝、水库溃坝、堤防决口、水闸倒塌、超标准泄洪及防汛应急调度等状态下的水文应急监测
甘肃	DB62/T 2528.2—2023	《动物疫病监测规范　第 2 部分：应急流行病学调查》	主要用于甘肃省境内动物疫病应急流行病学调查工作的监测

课后习题

第十章习题

第二篇
现代环境仪器分析技术的应用

第十一章 消毒副产物研究

11.1 消毒副产物概述

消毒技术自 20 世纪初以来应用于饮用水灭活微生物，是控制饮用水中有害微生物的主要屏障。氯（氯气、次氯酸和次氯酸盐）、氯胺、臭氧和二氧化氯是目前常用的四种化学消毒剂。然而，在 20 世纪 70 年代，Rook（1974 年）报告了饮用水中氯仿（三氯甲烷）的生成，该类化合物是活性氯和水中天然有机物（NOM）生成的消毒副产物（DBPs），从此开启了 DBPs 的研究。目前已经报道了 700 多种卤化 DBPs。水中天然共存溴离子和碘离子可以被氯、氯胺等氧化，形成和次氯酸类似的次溴酸和次碘酸，这两种氧化剂也能和有机物反应生成溴代和碘代 DBPs。研究表明溴代和碘代 DBPs 浓度虽然低于氯代 DBPs，但是其细胞和基因毒性远高于相应的氯代 DBPs。目前常见的 DBPs 包括三卤甲烷（THMs）、卤代乙酸（HAAs）、卤代醛、卤代酮等。含氮 DBPs 包括卤代乙腈、卤代乙酰胺、卤化氰、卤代硝基甲烷、亚硝胺类等。氯仿作为 DBPs 被发现不久后，美国国家癌症研究所报告氯仿被列为疑似人类致癌物。毒理学和流行病学研究表明，饮用氯化饮用水和 DBPs 暴露与膀胱癌、结肠癌、直肠癌以及不良的生殖或发育健康（如自然流产或胎儿异常）之间存在关联。与氯仿及其他 DBPs 有关的健康问题迅速推动了饮用水相关指南和标准的建立。1978 年加拿大首先公布了饮用水中四种 THMs（三氯甲烷、二氯一溴甲烷、一氯二溴甲烷和三溴甲烷）之和的限值标准（350μg/L），1979 年美国《安全饮用水法》中规定了 THMs 限值标准（100μg/L），1984 年世界卫生组织（WHO）提出了三氯甲烷的建议限制浓度为 30μg/L。我国非常重视饮用水消毒效果和 DBPs 的控制，2023 年新执行的《生活饮用水卫生标准》（GB 5749—2022）中规定了 THMs（三氯甲烷、二氯一溴甲烷、一氯二溴甲烷和三溴甲烷）之和的限值，该类化合物中各种化合物的实测浓度与其各自限值的比值之和不超过 1，三氯甲烷、一氯二溴甲烷、二氯一溴甲烷、三溴甲烷、二氯乙酸和三氯乙酸的限制浓度分别是 60μg/L、100μg/L、60μg/L、100μg/L、50 μg/L 和 100μg/L。

活性氯消毒剂和因地而异的大分子 NOM 反应产物不仅仅是目前发现的小分子 DBPs，理论上应该有很多大分子卤代产物。由于分析技术的局限，很多 DBPs 仍是未知的，未知 DBPs 中可能存在健康风险更高的种类。Zhang 等人通过采用放射性 HO^{36}Cl 和 NOM 反应，利用能分析分子量大小的排阻色谱-紫外检测和反射性元素检测，成功证明了大分子氯代 DBPs 的生成，大分子氯代 DBPs 的分子质量在 2000Da 左右，Cl 和 C 的原子数之比（Cl/C）为 0.025。未知 DBPs 的鉴定及其危害研究推动着 DBPs 研究发展。随着高效液相色谱-质谱（HPLC-MS）联用技术的发展和应用，很多具有更复杂分子结构的 DBPs 被发现，例如含有芳香结构的卤代芳香族 DBPs，如卤代苯醌、卤代苯酚、卤代苯甲酸、卤代苯甲醛等。有研究比较了 15 种卤代芳香族 DBPs、3 种 HAAs（三溴乙酸、一溴乙酸和一碘乙酸）和三溴甲烷对某海生沙蚕的发育毒性，发现这 15 种卤代芳香族 DBPs 的毒性都大于 3 种 HAAs，其中 12 种卤代芳香族 DBPs 的毒性大于三溴甲烷。表 11-1 列出了典型卤代苯醌类 DBPs 在实际饮用水中的检出情况，卤代苯醌类 DBPs 也表现出高于常见小分子 DBPs 的毒性作用。Pan 等人在我国东部 8 个城市的自来水中检测出了 13 种卤代芳香族 DBPs（表 11-2）。

表 11-1 典型卤代苯醌类 DBPs 在实际饮用水中的检出情况

苯醌类	2,6-二氯苯醌	2,6-二氯-3-甲基-1,4-苯醌	2,3,6-三氯-1,4-苯醌	2,6-二溴苯醌	2,3-二溴-5,6-二甲基苯醌
检出频率	56/59	16/59	13/59	17/59	0/16
检出浓度/(ng/L)	3.3～274.5	未检出～6.5	未检出～20.3	未检出～37.9	未检出
苯醌类	2,6-二氯-3-羟基-1,4-苯醌	2,6-二氯-3-甲基-5 羟基-1,4-苯醌	2,3,6-三氯 5-羟基-1,4-苯醌	2,6-二溴-3-羟基-1,4-苯醌	—
检出频率	34/37	12/37	6/37	6/37	—
检出浓度/(ng/L)	未检出～19.9	未检出～7.0	未检出～20.3	未检出～10.2	—

虽然目前有 700 多种卤代 DBPs 被鉴定发现，但是很多 DBPs 缺少商业化标准品而无法被定量监测，对这些 DBPs 都进行定量分析显然存在技术难度，经济和时间成本非常高。寻找 DBPs 中主要健康风险制造者并加以控制是 DBPs 研究的终极目标。DBPs 的研究领域主要包括三个方面：新 DBPs 的鉴定及其生成规律研究，各种 DBPs 的毒性风险研究，DBPs 的消减控制技术和策略研究。

11.2 消毒副产物的定量分析技术

THMs 及其他挥发性的 DBPs、HAAs 的发现和分析依靠液液萃取前处理（或顶空或吹扫进样）和 GC-ECD 或 GC-MS 分析技术（后文简称 GC）。GC-ECD 或 GC-MS 技术适用于分析容易汽化且热稳定的化合物。卤代羧酸类卤代 DBPs 需要经过酯化后采用 GC 分析，例如 HAAs 经过简单的甲酯化变成挥发性酯类后分析。GC 可用于目前发现的大多数低分子量 DBPs，例如 THMs、HAAs、卤代醛、卤代酮、卤代乙腈、卤代乙酰胺、卤化氰、卤代硝基甲烷、亚硝胺类。目前 GC 分析技术是很多国家的标准或推荐分析技术，分析方法相对简单、准确率高。我国 2023 年 10 月执行的新标准《生活饮用水标准检验方法 第 10 部分：消毒副产物指标》（GB/T 5750.10—2023）中详细规定了饮用水标准中 DBPs 的分析方法，包括毛细管柱色谱法、吹扫捕集气相色谱质谱法、顶空毛细管柱色谱法。

GC 分析技术只适用于热稳定、挥发性或半挥发性、中性或疏水化合物，不适宜分析极性、亲水或非挥发性的 DBPs，以及高分子量（分子量＞500）的 DBPs。随着 HPLC-MS 联用技术的进步，HPLC-MS 联用技术大大推进了 DBPs 的研究和鉴定，实现了含有芳香结构的卤代芳香族 DBPs 的确认、定量分析，使这类污染物逐渐被重视。香港科技大学的张相如教授团队利用多级串联质谱开发出母离子扫描（PIS）质谱鉴定卤代 DBPs 的新方法。有研究者采用了高分辨率质谱探索未知的大分子 DBPs，取得了显著的进展。Zhang 等人采用负离子电喷雾电离（ESI）超高分辨率傅里叶变换离子回旋共振质谱（ESI FT-ICR MS）对饮

表 11-2 中国 8 个城市自来水中 13 种卤代芳香族 DBPs 的检出浓度

单位：ng/L

水样	CHO (Cl,Cl,OH)	CHO (Br,Cl,OH)	CHO (Br,Br,OH)	COOH (Cl,Cl,OH)	COOH (Br,Cl,OH)	COOH (Cl,Br,OH)	COOH (Cl,Br,OH)	COOH (Br,Br,OH)	Cl (Cl,Cl,OH)	Br (Cl,Cl,OH)	Cl (Cl,Cl,OH)	Br (Br,Br,OH)
A1	35.1	44.5	13.6	9.9	<1.9	9.7	2.8	30.0	10.1	<2.7	1.4	0.6	6.0
A2	25.5	61.4	43.2	<5.5	<1.9	12.5	9.3	18.2	12.6	<2.7	1.3	2.4	15.7
B1	<2.3	<0.7	<0.7	<5.5	<1.9	<3.2	<1.7	1.1	0.9	60.4	43.5	12.1	8.4
B2	17.7	27.4	8.4	6.9	<1.9	<3.2	11.4	19.9	7.4	<2.7	3.7	1.5	10.0
C1	18.6	39.6	18.3	<5.5	<1.9	7.1	17.5	32.2	18.5	<2.7	1.2	<0.5	8.7
C2	11.8	23.1	13.6	<5.5	<1.9	6.3	15.3	26.8	14.3	<2.7	<1.1	<0.5	<2.6
D1	26.7	40.2	16.3	7.4	<1.9	5.0	14.3	27.4	8.9	2.9	<1.1	0.7	8.4
D2	<2.3	<0.7	<0.7	20.5	<1.9	<3.2	3.5	<0.5	<0.7	215.0	72.5	8.9	9.4
E1	<2.3	<0.7	1.1	<5.5	<1.9	10.1	<1.7	1.2	70.2	<2.7	<1.1	<0.5	56.9
E2	6.6	15.6	13.2	6.4	<1.9	4.9	10.0	35.3	27.9	<2.7	<1.1	<0.5	4.0
F1	<2.3	6.4	19.9	<5.5	<1.9	7.8	2.4	12.5	47.8	<2.7	<1.1	<0.5	<2.6
F2	<2.3	<0.7	7.8	<5.5	<1.9	11.7	<1.7	0.8	7.3	<2.7	<1.1	2.1	<2.6
G1	3.1	5.7	3.8	<5.5	<1.9	6.1	6.0	8.4	7.8	<2.7	3.0	3.8	23.1
G2	<2.3	<0.7	1.4	<5.5	<1.9	7.2	<1.7	2.0	75.9	<2.7	2.8	3.7	30.8
H1	4.9	0.8	1.1	<5.5	<1.9	<3.2	<1.7	0.5	2.2	<2.7	<1.1	<0.5	<2.6
H2	<2.3	9.0	28.9	<5.5	<1.9	3.3	2.3	4.7	6.4	<2.7	<1.1	<0.5	<2.6

用水氯消毒中产生的未知溴代 DBPs 进行了表征，图 11.1 为含溴产物的 ESI FT-ICR 质谱图。该实验共鉴定出一氯取代的化合物分子式 684 个，二氯取代的化合物分子式 495 个，三氯取代的化合物分子式 191 个；在 441 个含一溴的 DBPs 中，有 392 个具有相应的含一氯类似物，在 37 个含二溴的 DBPs 中，有 28 个具有相应的含二氯类似物；在串联质谱的中性分子（$m/z =$ 44，CO_2 中性损失）丢失扫描质谱中观察到相对丰富的峰，表明溴代 DBPs 含有丰富的羧基。Yang 等人利用超高分辨 HPLC-MS 联用技术检测出很多大分子碘代 DBPs，根据分子式的电子饱和程度推测，其中很多可能是芳香族 DBPs，根据标准样品确认了 4-碘-苯酚和 2-碘-苯甲酸。

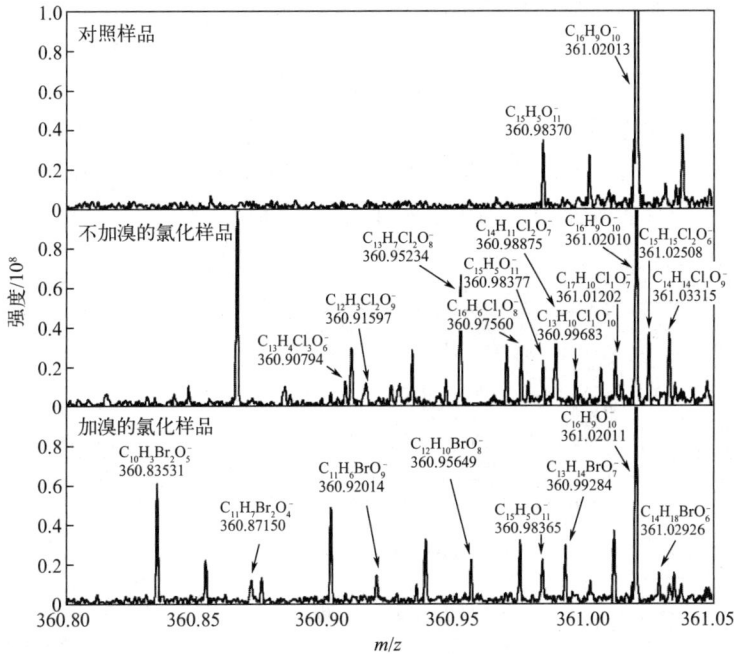

图 11.1　含溴产物的 ESI FT-ICR 质谱图

11.3　TOX 分析技术

活性氯和 NOM 反应产物包括很多大分子产物，但是这类大分子卤代产物结构多样，很难像单独某个化合物那样被有效分离和清晰地鉴定出结构。很多研究者采用光谱（红外、三维荧光等）、核磁共振等技术揭示出氯化产物具有多种共轭键、芳香环等结构，但是这些技术无法实现定量分析 DBPs。

类似用总有机碳表征 NOM 的水平，可以采用总有机卤素（TOX）反映水中有机结合的卤素的总量，即 DBPs 的生成总量。其中卤素是指氯、溴、碘元素，氯消毒可以生成氯代 DBPs，氯消毒剂和有机物反应的同时也会氧化水中的溴离子和碘离子生成次溴酸、次碘酸，次溴酸、次碘酸也能够和有机物发生氧化和取代反应生成溴代或碘代 DBPs。TOX 分析原理就是通过不含任何卤素的活性炭吸附卤化后水样中的有机物，然后将活性炭高温灼烧，使所有卤素转化为气体，然后气体被碱性溶解吸收，卤素变为负一价离子，通过电位滴定法或离子色谱监测卤素离子，从而得到转移到有机物上的卤素原子总数。随着离子色谱的进步和普及，总有机氯（TOCl）、总有机溴（TOBr）、总有机碘（TOI）能够分别测量。Zhang 等人通过定量检测 20

种 DBPs（通过 GC-ECD 或 GC-MS 分析技术）和 TOX，发现在氯、一氯胺、臭氧和二氧化氯处理的模拟水样中，未知的 DBPs 分别占 TOX 的 51.5%、82.9%、91.7% 和 71.6%。

11.4 新 DBPs 的鉴定案例 1——MX 的老故事

20 世纪 80 年代发现一种具有致突变毒性的 DBPs——3-氯-4-(二氯甲基)-5-羟基-2(5H) 呋喃酮（MX）。该化合物的分离和鉴定过程复杂。图 11.2 展示了水样中 MX 的分离纯化和鉴定过程，甲基酯化后的产物采用了 GC-MS 分析，根据质谱图信息，通过专业的质谱裂解规律分析得到了可能的分子式和官能团或支链结构推测，然后通过和已知参考化合物对比红外、UV 光谱等进一步推测确认主要官能团的种类、共价键类型，推测出 MX 的分子式；然后又经过高分辨率质谱（能提供分子式）和核磁共振分析（推测化合键种类）进一步确认了推测结构的合理性。MX 的鉴定过程是一个比较经典、复杂的化合物鉴定过程，该流程细致但烦琐，对研究者和实验室的化学专业技术要求较高。

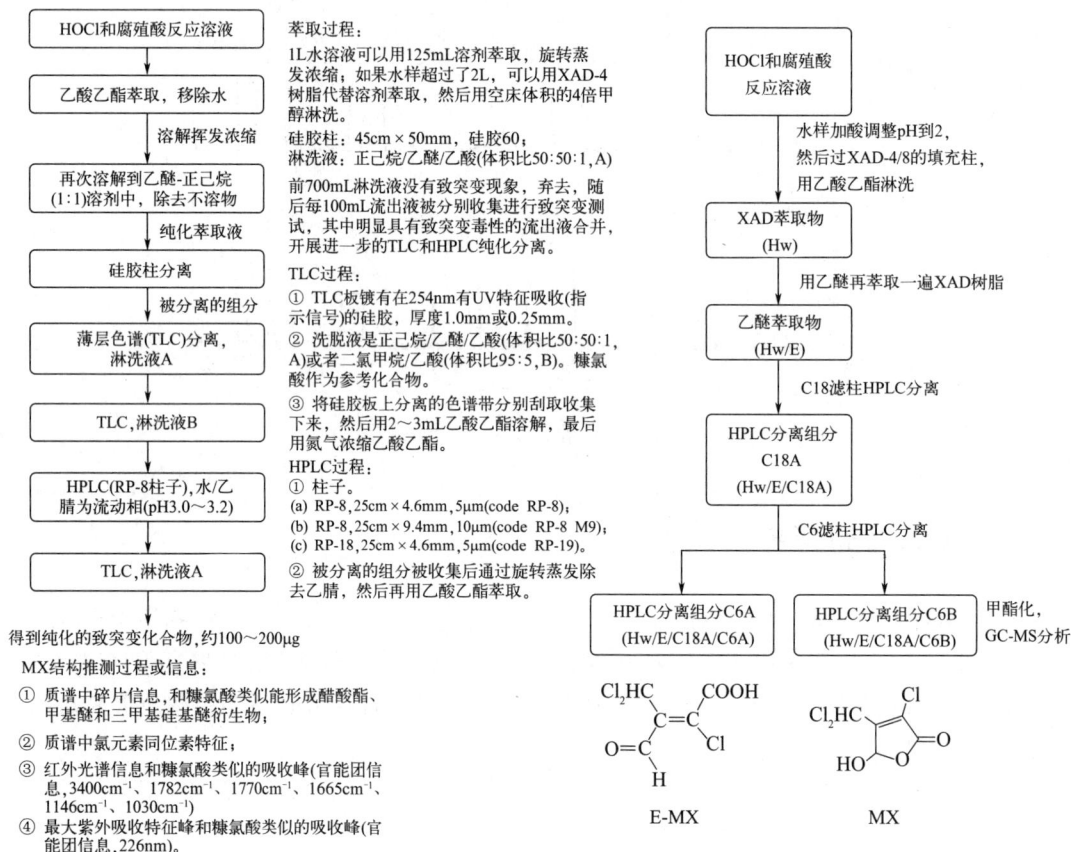

图 11.2 MX 的分离纯化和鉴定过程

11.5 新 DBPs 的鉴定案例 2——母离子扫描

香港科技大学的张相如教授团队采用直接进样-电喷雾电离（ESI）-串联质谱（tqMS）

PIS 和 UPLC-ESI-tqMS 联用两种分析方法探寻未知的卤代 DBPs。ESI 的离子化方式需要检测对象在溶液中能够电离成离子状态，在 ESI 中变为气态离子，因此 PIS 的方法适用于极性 DBPs（即水溶液中能形成正离子或负离子）的检测分析。

氯原子具有丰度近似为 3∶1 的主要同位素 ^{35}Cl 和 ^{37}Cl，溴离子具有丰度近似为 1∶1 的主要同位素 ^{79}Br 和 ^{81}Br，这使得含有不同数目氯原子和溴原子的化合物在 ESI 质谱中产生丰度具有规律性的一簇分子离子峰，通过碎片峰的数量和丰度比例可以推测氯原子、溴原子的数量。如果极性化合物分子中含有 m 个溴原子和 n 个氯原子，这个化合物在 ESI-tqMS 全扫描的质谱图中形成 $m+n+1$ 个分子离子同位素峰，相邻峰的 m/z 值相差为 2，这些峰的丰度比例按照公式（11.1）分布。

$$A_{N,\text{full}} = \sum_{k=\max(N-n-1,0)}^{\min(N-1,m)} \left[C_m^k C_n^{N-k-1} \times 3^{-(N-k-1)} \right] \tag{11.1}$$

式中，$A_{N,\text{full}}$ 是第 N 个峰的相对丰度；m 和 n 分别是分子中溴原子和氯原子数量；k 是第 N 个峰中 ^{81}Br 的数量；$N-k-1$ 是第 N 个峰中 ^{37}Cl 的数量；C_m^k 和 C_n^{N-k-1} 是系数。

在 $m/z=79$ 的 PIS 质谱中该化合物有 m 个峰，这些峰的丰度比例按照公式（11.2）分布；类似在 $m/z=81$ 的 PIS 质谱中，有 n 个峰，峰之间的丰度比例按照公式（11.3）分布。通过对比 $m/z=79$ 和 $m/z=81$ 的 PIS 质谱图中峰的数量和丰度比例，确认溴代或氯代 DBPs。

$$A_{N,\text{PIS79}} = \sum_{k=\max(N-n-1,0)}^{\min(N-1,m)} \left[C_m^k C_n^{N-k-1} \times 3^{-(N-k-1)}(m-k) \right] \tag{11.2}$$

$$A_{N,\text{PIS81}} = \sum_{k=\max(N-n-1,0)}^{\min(N-1,m)} \left[C_m^k C_n^{N-k-1} \times 3^{-(N-k-1)}k \right] \tag{11.3}$$

式中，$A_{N,\text{PIS79}}$ 和 $A_{N,\text{PIS81}}$ 是 $m/z=79$ 和 $m/z=81$ 的 PIS 质谱中第 N 个峰的相对丰度。

图 11.3 展示了一溴乙酸、一氯一溴乙酸和二溴乙酸 ESI-tqMS 质谱中的分子离子峰特征。图 11.4 展示了一溴乙酸、一氯一溴乙酸和二溴乙酸 ESI-tqMS 的质谱图。一般情况下，

一溴乙酸：^{79}BrH$_2$C−COO$^-$ 和 ^{81}BrH$_2$C−COO$^-$。

全扫描质谱中两个分子离子峰，m/z=137 和 139，丰度比例 1∶1。

$m/z=79$ 的母离子扫描质谱中：一个分子离子峰 m/z=137（^{79}BrH$_2$C−COO$^-$）。

$m/z=81$ 的母离子扫描质谱中：一个分子离子峰 m/z=139（^{81}BrH$_2$C−COO$^-$）。

一氯一溴乙酸：^{79}Br^{35}ClHC−COO$^-$、^{81}Br^{35}ClHC−COO$^-$、^{79}Br^{37}ClHC−COO$^-$ 和 ^{81}Br^{37}ClHC−COO$^-$。

全扫描质谱中三个分子离子峰，m/z=171、173 和 175，丰度比例 3∶4∶1。

$m/z=79$ 的母离子扫描质谱中：两个分子离子峰 m/z=171 和 173（^{79}Br^{35}ClHC−COO$^-$、^{79}Br^{37}ClHC−COO$^-$），丰度比例 3∶1。

$m/z=81$ 的母离子扫描质谱中：两个分子离子峰 m/z=173 和 175（^{81}Br^{35}ClHC−COO$^-$、^{81}Br^{37}ClHC−COO$^-$），丰度比例 3∶1。

二溴乙酸：^{79}Br^{79}BrHC−COO$^-$、^{81}Br^{79}BrHC−COO$^-$ 和 ^{81}Br^{81}BrHC−COO$^-$。

全扫描质谱中三个分子离子峰，m/z=215、217 和 219，丰度比例 1∶2∶1。

$m/z=79$ 的母离子扫描质谱中：两个分子离子峰 m/z=215 和 217（^{79}Br^{79}BrHC−COO$^-$、^{81}Br^{79}BrHC−COO$^-$），丰度比例 1∶1。

$m/z=81$ 的母离子扫描质谱中：两个分子离子峰 m/z=217 和 219（^{81}Br^{79}BrHC−COO$^-$、^{81}Br^{81}BrHC−COO$^-$），丰度比例 1∶1。

图 11.3　一溴乙酸、一氯一溴乙酸和二溴乙酸 ESI-tqMS 质谱中的分子离子峰特征

萃取浓缩的实际样品的全扫描质谱图中由于杂质的背景信号较高，溴代或氯代 DBPs 的同位素峰并不容易观察和确认，$m/z=79$ 和 $m/z=81$ 的 PIS 中背景信号被大大消减，溴代或氯代 DBPs 的同位素峰更容易确认。已知溴原子和氯原子数量可以预测其质谱图，如果未知样品中发现同样规律的一组分子离子就可以反过来判断该组离子的分子中溴原子和氯原子的数量。从分子量中减去溴原子和氯原子的分子量就是剩余骨架的 C、H、O、N 的分子量，就可以初步推测该未知分子的分子式，开展对于未知 DBPs 的探索和推测。

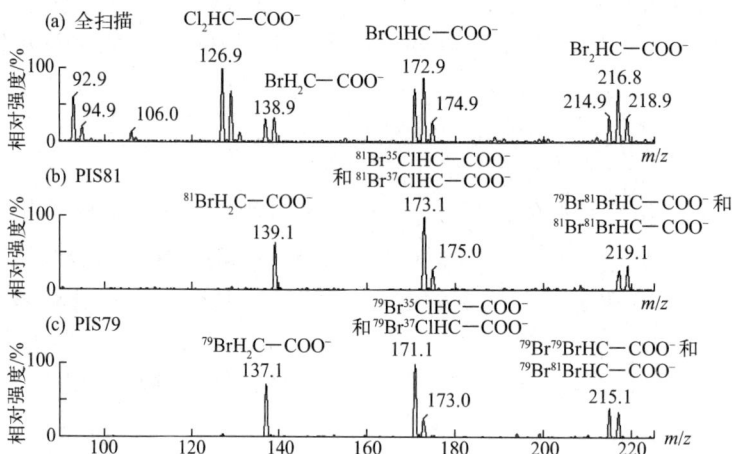

图 11.4　一溴乙酸、一氯一溴乙酸和二溴乙酸 ESI-tqMS 的质谱图

直接进样-ESI-tqMS 的 PIS 能够展示样品中极性卤代 DBPs 的整体生成特征，同理，$m/z=35$ 和 $m/z=37$ 的 PIS 可以选择性地检测到极性氯代 DBPs 的生成情况，有研究发现 $m/z=126.9$（碘离子）也能用来分析极性碘代 DBPs 的生成情况。使用 PIS 方法，tqMS 参数的设置非常关键，能够决定目标信号能否被灵敏检测。研究发现在 PIS $[m/z$ 为 35（氯离子）、m/z 为 79（溴离子）、m/z 为 126.9（碘离子）$]$ 谱中总离子强度与消毒水样中 TOX 之间存在正相关关系，总离子强度水平较高的消毒水样一般表现出较高的毒性效力。

直接进样-ESI-tqMS 的 PIS 方法虽然能够展示极性 DBPs 整体的生成特征，但是无法进一步对推测的新 DBPs 进行鉴定，需要结合 HPLC 或 UPLC 的分离技术。HPLC-tqMS 检测鉴定新极性氯代或溴代 DBPs 的思路：混合氯消毒水样先萃取浓缩，然后被 HPLC 分离，在 tqMS 通过全扫描检测，根据氯、溴同位素峰的比例确定溴、氯原子的数量；根据 HPLC 停留时间、分子离子峰的 m/z 值、分子结构的稳定性等推测出分子式；根据目标离子的子离子信息推测可能含有的官能团，进而推测出化合物结构和名称；购买相应化合物的标准样品，通过比较 HPLC 停留时间，全扫描、子离子扫描的质谱图确认。PIS 方法结合 HPLC 的分离技术为鉴定、研究含溴极性化合物的研究提供了崭新的思路。

第十二章 水体中微塑料的分析检测

12.1 微塑料的定义与分类

2004 年 Thompson 等人首次提出微塑料一词，微塑料是存在于环境中尺寸小于 5mm，且具有不同形态的塑料（包括塑料碎片、颗粒、纤维、泡沫和薄膜等）的统称。微塑料在水体、沉积物和水生生物中广泛存在，尤其在海洋中，被形象地称为"海洋中的 $PM_{2.5}$"。微塑料密度和质量小，进入环境后，极易借助水流、风力等外力作用迁移到多种环境介质中。微塑料种类繁多，包括聚乙烯（PE）、聚丙烯（PP）、聚苯乙烯（PS）、聚氯乙烯、对苯二甲酸、热塑性聚酯、聚酰胺、聚甲醛、玻璃纸、人造丝、纤维等。根据来源不同，可分为原生微塑料和次生微塑料，原生微塑料来源于塑料厂制造的微米、毫米级产品，包括塑料微珠和塑料微纤维，微珠大量用于洗面奶、牙膏、沐浴露等日常用品中，塑料微纤维来自人造纤维制造的纺织品；次生微塑料则是由大型塑料分解，经太阳辐射、风化、雨水侵蚀和生物降解等外部作用逐渐形成的尺寸微小的碎片或颗粒残骸。

12.2 水体中微塑料样品的采集与分离

（1）样品采集

样品采集方法对微塑料丰度的估算具有重要影响，直接挑选法、大样本法和浓缩样本法是目前环境微塑料采集的常用方法。海水或淡水中微塑料的采集一般采用大样本法，以不同网目的浮游生物网采集，并根据水样深度选择不同的采样装置。表层水通常选用拖网式采样装置，如 Manta 网、Neuston 网等，中层水常选择 Bongo 网，底部深层水采用底栖拖网，拖网的类型见图 12.1。选择大样本法采集表、中层水时，也可使用水桶、玻璃瓶等容器。

图 12.1（彩）

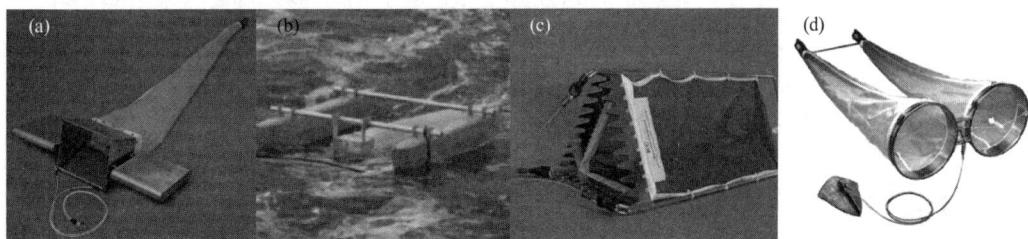

图 12.1　拖网的类型——Manta 网（a）、Neuston 网（b）、Bongo 网（c）和底栖拖网（d）

网衣尺寸也会影响过滤水样体积,通常网衣长约 4.5m。网目决定了拖网内截留的颗粒物粒径及颗粒物数量,可根据研究目的选择不同孔径的采样筛网,已报道的网目在 $50 \sim 3000 \mu m$ 范围。由于小孔径网目被堵塞的风险高,水体中微塑料样品采集的常用网目孔径约 $300 \mu m$,其优势是能采集大体积水样,但缺点是不能采集 $300 \mu m$ 以下的颗粒物,特别是 $< 100 \mu m$ 的具有生物学意义的颗粒。

(2) 样品提取及预处理——消解

消解的目的是去除干扰微塑料鉴别的有机杂质,因此,如果是污水处理厂污水样品中的微塑料,就需要消解样品。消解主要采用两种方法:化学消解和酶消解。常见的化学消解液及消解效果如表 12.1 所示。酶消解大多使用脂肪酶、淀粉酶、蛋白酶、壳聚糖酶、纤维素酶等来降解附着在微塑料上的生物有机质。一般消解时间越长、消解温度越高,消解的效果越好,但消解的温度过高会破坏微塑料的官能团结构,影响后续仪器鉴别。所以,一定要结合研究目的、研究对象,在合适的实验条件下审慎使用消解法处理微塑料。

表 12.1 常见的化学消解液及消解效果

消解液类型	发生溶解的塑料类型	发生颜色变化的塑料类型	发生形状变化的塑料类型
65% HNO₃ 溶液	CN、PU、PAN、PVFM、POM、CA	PE、PVC、ABS、PC、PEVA	PMMA 由硬质塑料变为胶状
3:1 的 HNO₃-H₂O₂ 溶液	CN、PU、PAN、PVFM、POM、CA	PE、PVC、ABS、PC、PS、PEVA	PMMA 由硬质塑料变为胶状
10% KOH 溶液	CN、CA	PAN	CN、PC、CA 变脆
碱性过硫酸钾溶液	无明显变化	无明显变化	CA 变脆
30% H₂O₂ 溶液	无明显变化	无明显变化	无明显变化
芬顿试剂	无明显变化	无明显变化	无明显变化

注:醋酸纤维素(CA)、硝酸纤维素(CN)、聚氨酯(PU)、聚碳酸酯(PC)、聚丙烯腈(PAN)、聚氯乙烯(PVC)、聚甲醛(POM);聚乙烯醇缩甲醛(PVFM)、聚乙烯-醋酸乙烯酯(PEVA)、聚甲基丙烯酸甲酯(PMMA)、苯乙烯-丁二烯-丙烯腈共聚物(ABS)。

(3) 微塑料的分离

如何从采集的样品中分离识别微塑料组分是样品预处理的关键。在水体中微塑料的分离方法较常见的是密度分离法、过滤法、筛分法。

密度分离的本质目的是将轻质易漂浮的微塑料和重质、易沉降的杂质分离出来。浮选液选择是密度分离过程的核心因素。由于大多数微塑料密度在 $0.8 \sim 1.4 g/cm^3$ 范围内,理论上选择密度比 $1.4 g/cm^3$ 略大的浮选液即可使绝大多数微塑料漂浮。目前,浮选液的种类有饱和 NaCl、NaI、ZnCl₂、CaCl₂ 溶液和多钨酸钠溶液。过滤法常借助真空泵将微塑料抽滤到滤膜或滤纸上,筛分法利用重力将微塑料过滤到不同孔径筛网上,以上两种方法简单、易操作,可以快速实现微塑料尺寸的分级,分离时不需要对样品进行复杂的前处理,但存在提取纯度低等问题。与筛网相比,滤膜的孔径往往更小,更有利于置于显微镜下目检统计小尺寸的微塑料。目前,针对微塑料尺寸分布的研究大多采用筛网筛分,与滤膜相比筛网的孔径分布范围更广,小至几十微米,大至 5mm,并且不同筛网按孔径由大至小堆叠放置,可以针对大部分尺寸的微塑料一次性进行粒径分级。

12.3 水体中微塑料样品的分析检测方法

物理形态表征、化学组分鉴定及定量分析通常是微塑料分析检测方法的三大手段。通过物理形态表征可以确定微塑料种类、形状、颜色、尺寸等特征；化学组分鉴定可以确定微塑料聚合物组成，实现元素分布分析；定量分析一般是分析微塑料的数量或重量。描述水体中微塑料丰度的单位包括个/km^2、个/m^{3}等。微塑料的成分鉴定常采用扫描电子显微镜-能谱联用（SEM-EDS）、傅里叶变换红外光谱（FTIR）、拉曼（Raman）光谱、热重分析（TGA）、差示扫描量热（DSC）、裂解气相色谱-质谱（Py-GC-MS）（图 12.2）和热萃取热脱附-气相色谱-质谱（TED-GC-MS）（图 12.3）等分析方法，以上微塑料检测方法的优缺点如表 12.2 所示。

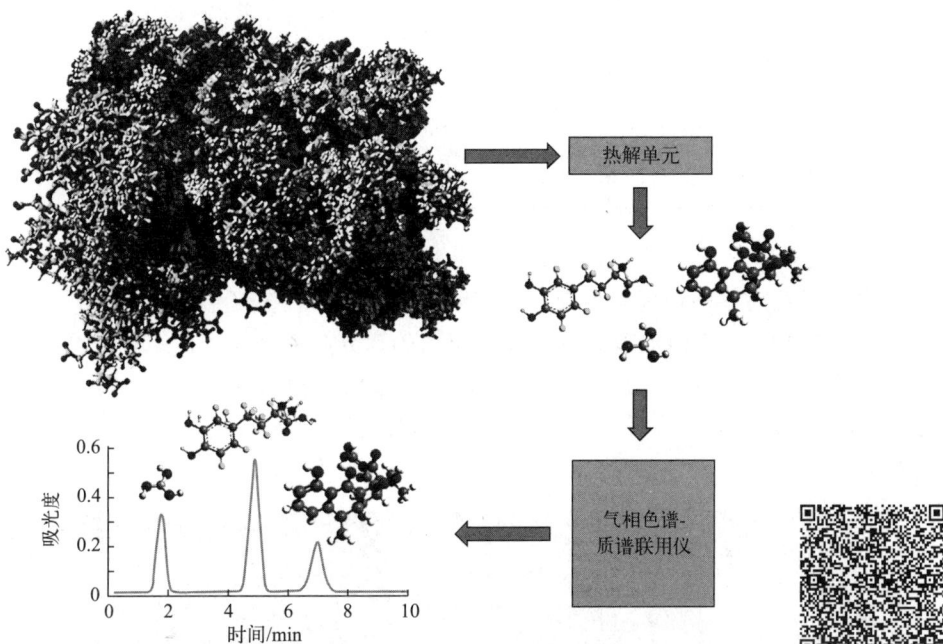

图 12.2　Py-GC-MS 分析流程图　　　　图 12.2（彩）

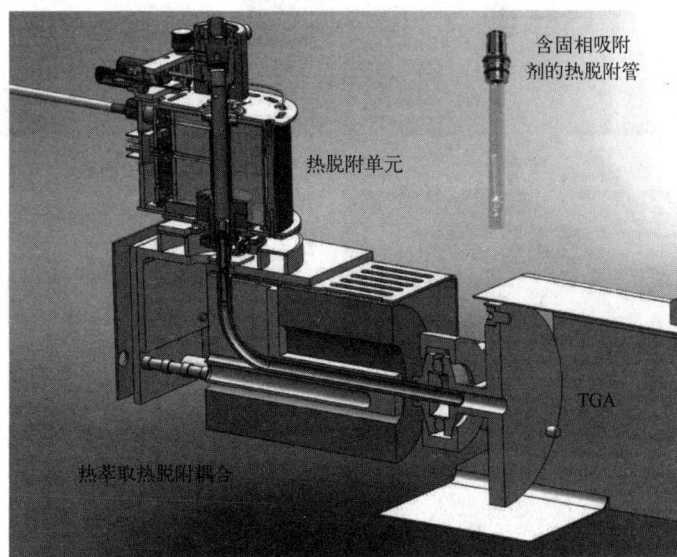

图 12.3　TED-GC-MS 与 TGA 联用原理图　　　　图 12.3（彩）

表 12.2 微塑料检测方法优缺点对比

检测方法	方法简介	优点	缺点
SEM-EDS	通过电子束与样品的相互作用，测量样品表面形态与元素组成	样品无须特殊处理，可实现分析元素分布并表征样品的表面形态	存在电荷效应，高真空下需要特殊涂层；损毁样品；成本高
FTIR	通过检测化学键、官能团的振动吸收，分析样品类型	无损害鉴定、操作简便，图谱库丰富，可消除水蒸气和二氧化碳干扰	极易受水和二氧化碳干扰，需要无尘环境
Raman 光谱	通过激光激活分子振动，鉴定分子结构，用于鉴定粒径小的微塑料颗粒	无损害鉴定、操作简便，样品无须特殊处理，可鉴定组分复杂的样品，适合湿样	环境基底影响严重，荧光干扰大，结果受激发光波段选择影响，且检测过程耗时长
TGA-DSC	通过程序控温，测量样品性质随温度或时间的变化	样品无须特殊处理，直接进样；易与其他分析方法连用，能够全面准确分析材料特性	破坏性分析，实验条件要求高
Py-GC-MS	通过检测微塑料热裂解后的产物，推测微塑料的组成	鉴定单一聚合物，无须投加其他药剂，样品用量小，无须前处理	破坏性分析
TED-GC-MS	可用于样品量较大的复杂样品	用于鉴定复杂基质中的聚乙烯、聚丙烯、聚苯乙烯	破坏性分析，目前只用于聚乙烯的定量

（1）光谱法

SEM 虽然能鉴别颗粒大小及形态，但只能获得物质表面形态的图像，无法确定颗粒结构，与 EDS 耦合，可获得塑料的高分辨率颗粒表面结构特征以及元素组成特征，能够更好地区分微塑料和非塑料。如图 12.4，Pan 等人通过 SEM-EDS 耦合，得到了太平洋中微塑料样品的扫描电子显微镜图，分析了微塑料的形状、表面形态（如表面粗糙度、裂纹、脆性）和元素组成。

图 12.4（彩）

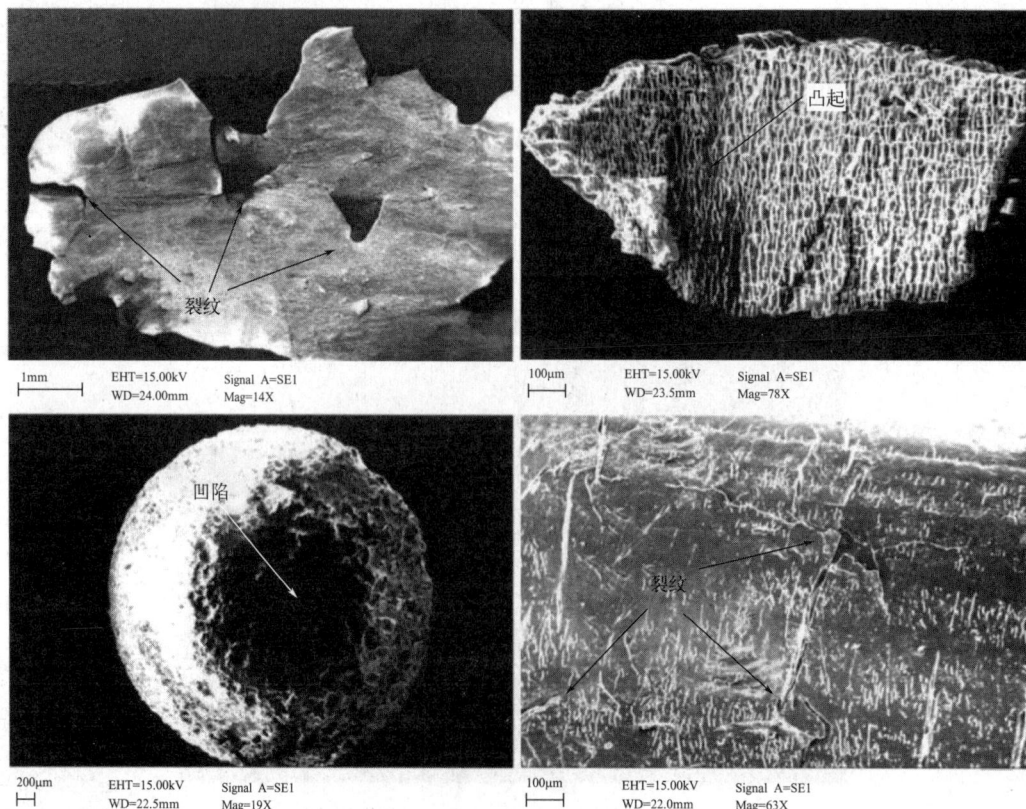

图 12.4 太平洋中微塑料样品的扫描电子显微镜图

EDS 显示所有微塑料样品的表面都出现了很强的氮峰，判定微塑料的主要成分并不是尼龙、聚乙烯、聚丙烯和聚苯乙烯等纯塑料聚合物，为塑料潜在的来源、途径和分布提供新见解。

　　FTIR 可以检测微塑料样品中不同组分结构的特定振动，所产生的特征光谱与已知的参考光谱进行比较，可用来识别微塑料的种类。如图 12.5 所示，茶包 A 和 B 及其各自浸出物的 FTIR 光谱与聚六亚甲基己二酰胺（如尼龙-66）的光谱相似，茶包 C 和 D 及其各自浸出物的 FTIR 光谱呈现出聚对苯二甲酸乙二酯（PET）的特征振动。这表明茶包 A 和 B 由尼龙-66 组成，茶包 C 和 D 由 PET 制成，并且浸出物中微塑料样品的 FTIR 光谱与相应的原始茶包几乎相同。

图 12.5（彩）

　　与 FTIR 光谱相比，拉曼光谱具有更好的空间分辨率（可达 $1\mu m$，而

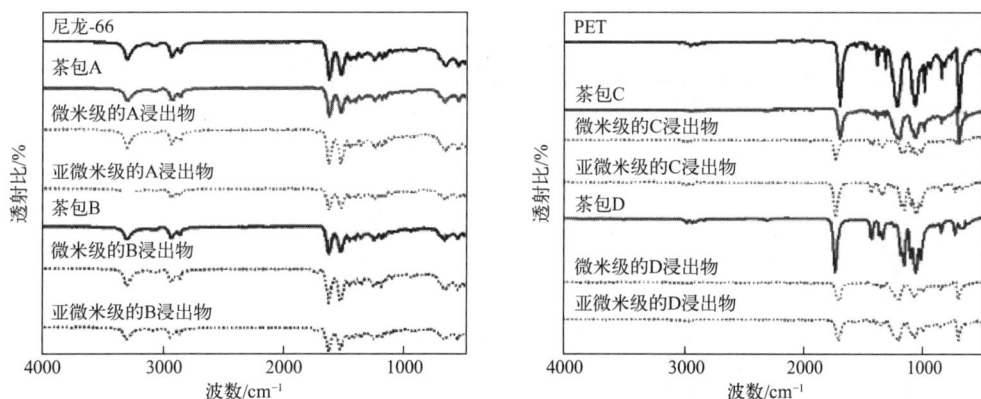

图 12.5　尼龙-66、PET、原茶包及其相应浸出物的 FTIR 光谱

FTIR 光谱为 $10\sim20\mu m$）、更宽的光谱覆盖范围、更高的非极性官能团灵敏度、更低的水干扰和更窄的光谱带。尼龙、PET、PS、PE、PP 的自发拉曼光谱如图 12.6 所示，塑料聚合

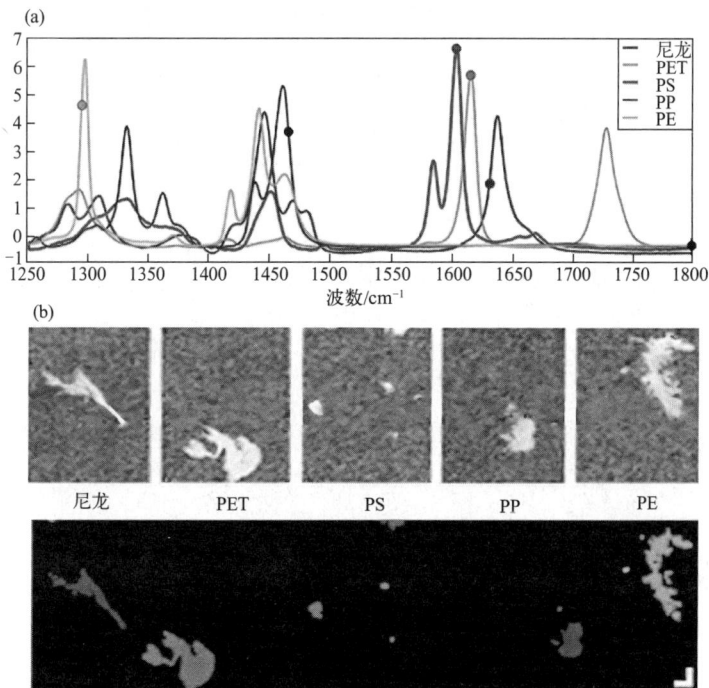

图 12.6　尼龙、PET、PS、PE、PP 的自发拉曼光谱

图 12.6（彩）

物具有特征 Raman 光谱，水体中微塑料样品可通过与参考数据库比较来鉴定聚合物的成分。

（2）热分析法

热分析方法常采用热重分析-固相萃取联用（TGA-SPE）、热成像差示扫描量热法（TGA-DSC）、裂解气相色谱-质谱联用（Py-GC-MS）等。热分析法是在控温条件下测量微塑料的物理性质与温度的关系，利用聚合物特征热谱图对微塑料组分种类进行鉴别的一种分析技术，在聚合物材料研究领域有着广泛的应用，也是对聚合物进行剖析鉴定的一种有效辅助方法。由于分析时间相对较短，热分析法一般可用于样品的初步筛选、快速搜索污染物质类型、评估微塑料污染程度等方面，但高温条件会破坏样品而无法获取尺寸、形态、颜色等其他信息，给微塑料源分析带来困难，所以在微塑料鉴别定性研究中应用较少。光照前后微塑料样品中 PP 的 TGA 曲线见图 12.7，塑料中 PP 成分在不同时间降解后的 DSC 图见图 12.8。

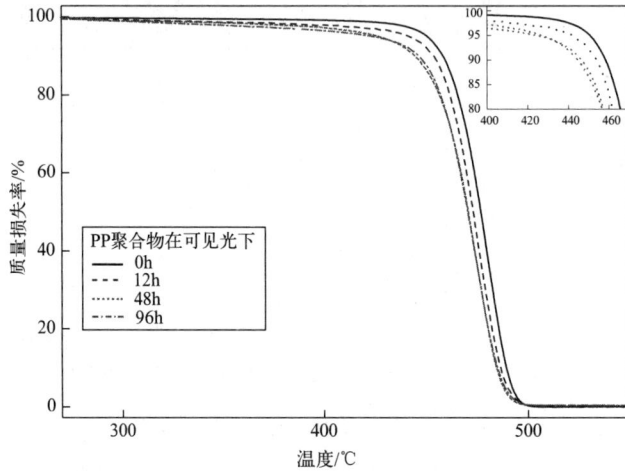

图 12.7（彩）　　图 12.7　光照前后微塑料样品中 PP 的 TGA 曲线

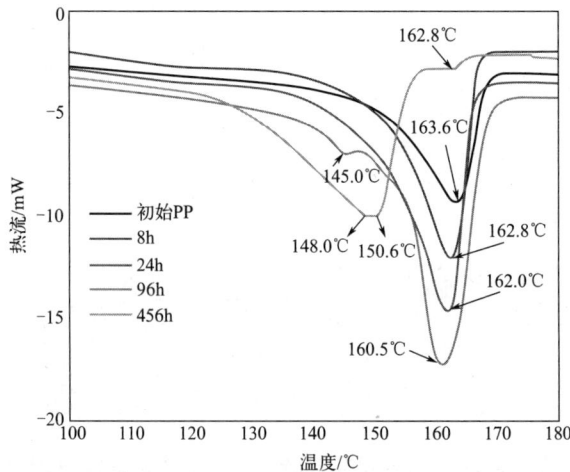

图 12.8（彩）　　图 12.8　塑料中 PP 成分在不同时间降解后的 DSC 图

第十三章　高级氧化反应机制研究

13.1　高级氧化技术概述

环境工程中常见的高级氧化技术包括化学氧化、化学催化、湿式氧化、超临界和亚临界氧化、电催化氧化、光催化氧化、超声氧化、微波技术和高级氧化联合技术。高级氧化技术是利用不同的物理、化学手段或者催化剂的方式活化氧化剂产生强氧化性的活性物种如自由基，从而高效地降解甚至完全矿化一些难生物降解的污染物。常见氧化剂及自由基的氧化电位见表 13.1。

表 13.1　常见氧化剂及自由基的氧化电位

氧化剂	氧化还原反应	氧化电位/V
臭氧（O_3）	$O_3 + 2H^+ + 2e^- \longrightarrow O_2 + H_2O$	2.076
过氧化氢（H_2O_2）	$H_2O_2 + 2H^+ + 2e^- \longrightarrow 2H_2O$	1.776
过一硫酸盐（HSO_5^-）	$HSO_5^- + H^+ + 2e^- \longrightarrow SO_4^{2-} + H_2O$	1.82
过二硫酸盐（$S_2O_8^{2-}$）	$S_2O_8^{2-} + 2e^- \longrightarrow 2SO_4^{2-}$	2.01
羟基自由基（$\cdot OH$）	$\cdot OH + H^+ + e^- \longrightarrow H_2O$	2.80
硫酸根自由基（$SO_4^- \cdot$）	$SO_4^- \cdot + e^- \longrightarrow SO_4^{2-}$	2.50～3.10

13.2　过硫酸盐高级氧化技术

与其他产生 $\cdot OH$ 的高级氧化技术相比，基于 $SO_4^- \cdot$ 的过硫酸盐氧化技术的氧化能力更强、pH 适应范围更广、选择性更好及半衰期更长。因此，过硫酸盐高级氧化技术已成为去除环境水体中难降解有机污染物的热点技术。

过硫酸盐包括过一硫酸盐（PMS）和过二硫酸盐（PDS）。PMS 和 PDS 是 H_2O_2 的衍生物，由于过氧键（O—O）旁边的取代基团不同导致它们的结构和性质不同。常见氧化剂及自由基性质如表 13.2 所示。当 pH<6.0 或者 pH>12.0 时，PMS 在水溶液中以 HSO_5^- 的形式稳定存在；当 9.0<pH<12.0 时，PMS 的稳定性较差，大量分解为 SO_5^{2-}；当 pH<1.0 时，PMS 则会水解为 H_2O_2。PDS 在水溶液中以 $S_2O_8^{2-}$ 的形式稳定存在。PMS 和 PDS 的标准氧化电位分别为 1.82V 和 2.01V，但是其与大多数有机污染物直接反应的速率较小，

仍需要通过活化的方式加快降解有机污染物的反应。

表 13.2　常见氧化剂及自由基性质

性质	过一硫酸	过二硫酸	过氧化氢
结构式	H—O—O—S—O—H (结构式)	H—O—S—O—O—S—O—H (结构式)	H—O—O—H
过氧键长/nm	0.146	0.1497	0.1453
键能/(kJ/mol)	140～213.3	140	213.3
分子对称性	不对称	对称	不对称
稳定形式	以过硫酸氢钾盐的形式存在：$2KHSO_5 \cdot KHSO_4 \cdot K_2SO_4$	以 $Na_2S_2O_8$ 和 $K_2S_2O_8$ 的形式稳定存在	—
在地下水中的平均存在时间	几小时到几天	大于五个月	几小时到几天
25℃的溶解度/(g/L)	298	730	可溶液体
价格(元/kg)	15.9	5.4	10.9

13.2.1　活性物种的种类与性质

目前，研究报道过硫酸盐高级氧化体系中包含五种主要的活性物种，并被习惯性地概括为两大类：自由基类 $[SO_4^- \cdot$ 、 $\cdot OH$ 、超氧自由基（$O_2^- \cdot$）] 和非自由基类 [单线态氧（$^1O_2$）和电子转移复合物]，两类活性物种的主要性质如表 13.3 所示。

表 13.3　自由基和非自由基活性物种的性质

性质	自由基路径	非自由基路径
选择性	$\cdot OH$:低选择性，半衰期 20ns；$SO_4^- \cdot$:不饱和或芳香结构，半衰期 30～40μs	芳香环上有供电子基团的富含电子的有机物
氧化电位	$\cdot OH$:1.8～2.7V；$SO_4^- \cdot$:2.5～3.1V	与自由基相比，氧化还原电位较弱
活性物种	电子受体:$SO_4^- \cdot$、$\cdot OH$；电子供体:$HO_2^- \cdot$、$O_2^- \cdot$	电子转移过程(表面结合自由基、表面活化配合物、电子转移介质)、$^1O_2$
环境基质影响	复合水基质中的无机离子（HCO_3^-、NO_3^-、NO_2^-、卤化物）和天然有机物(NOM)可以作为自由基清除剂	在复杂的水体中对环境基质的抵抗力更强
pH 值范围	$\cdot OH$:pH<3,传统芬顿反应；$SO_4^- \cdot$:在较宽的 pH 范围内,PMS 氧化体系在中性和碱性条件下比较稳定	酸性、中性、碱性
处理效率	即使完全清除了有机底物,活化技术仍然会继续分解过硫酸盐	对于电子转移过程机制来说,残余有机物的浓度决定过硫酸盐分解的动力学速率

13.2.2　活性物种的生成机制

（1）自由基活性物种的生成机制

$SO_4^- \cdot$ 主要来自于 PMS 或 PDS 中 O—O 键的断裂，如式(13.1) 和式(13.2)所示。

$$HO-O-SO_3^- \longrightarrow \cdot OH + \cdot O-SO_3^- \tag{13.1}$$

$$^-O_3S-O-O-SO_3^- \longrightarrow {}^-O_3S-O\cdot + \cdot O-SO_3^- \tag{13.2}$$

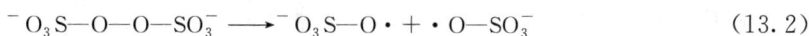

$\cdot OH$ 除了经 PMS 的活化生成，如式(13.1)，研究发现在 pH$>$5.5 时，也可以由 $SO_4^-\cdot$ 转化生成，见式(13.3) 和式(13.4)，并且在 pH 为 13.0 达到最大的转化效率。

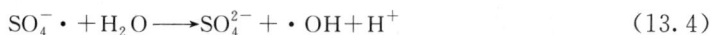

$$SO_4^-\cdot + HO^- \longrightarrow SO_4^{2-} + \cdot OH \tag{13.3}$$

$$SO_4^-\cdot + H_2O \longrightarrow SO_4^{2-} + \cdot OH + H^+ \tag{13.4}$$

$O_2^-\cdot$ 是近年来在过硫酸盐氧化体系中新发现的活性物种，在一定的催化条件下，过硫酸盐可以与 H_2O 或过氧阴离子（HO_2^-）发生反应生成 $O_2^-\cdot$，如式(13.5)、式(13.6)、式(13.7) 所示。

$$^-O_3S-O-O^- + H_2O \longrightarrow H-O-O^- + SO_2^{2-} + H^+ \tag{13.5}$$

$$^-O_3S-O-O-SO_3^- + H_2O \longrightarrow {}^-O_3S-O-O^- + SO_4^{2-} + 2H^+ \tag{13.6}$$

$$H-O-O^- + {}^-O_3S-O-O-SO_3^- \longrightarrow SO_4^-\cdot + SO_4^{2-} + H^+ + O-O^-\cdot(O_2^-\cdot) \tag{13.7}$$

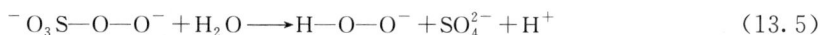

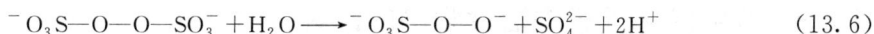

（2）非自由基活性物种的生成机制

$^1O_2$ 是一种高选择性氧化剂，容易与不饱和有机化合物发生亲电加成和电子提取反应。过硫酸盐氧化体系中 $^1O_2$ 的来源主要分为三种：

① 来自于 PMS 的自衰减。$^1O_2$ 可以来自于 PMS 的自分解，见式(13.8)，但是反应效率较低。在碱性条件下，一些有机物上的酮基（C$=$O）可以显著促进该反应过程中 $^1O_2$ 的产生。

$$^-O_3S-O-O-H + {}^-O-O-SO_3^- \longrightarrow {}^-O_3S-O-H + {}^-O-SO_3^- + {}^1O_2 \tag{13.8}$$

② 来自于 $SO_5^-\cdot$ 的歧化反应，见式(13.9) 和式(13.10)。

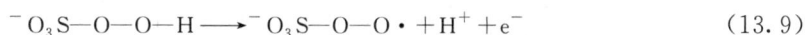

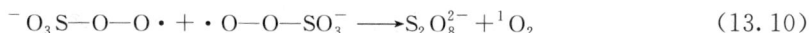

$$^-O_3S-O-O-H \longrightarrow {}^-O_3S-O-O\cdot + H^+ + e^- \tag{13.9}$$

$$^-O_3S-O-O\cdot + \cdot O-O-SO_3^- \longrightarrow S_2O_8^{2-} + {}^1O_2 \tag{13.10}$$

③ 来自于 $O_2^-\cdot$ 的水解。$O_2^-\cdot$ 通过水解生成过氧氢根自由基（$HO_2\cdot$）（$O_2^-\cdot/HO_2\cdot$，pKa$=$4.8），与 $HO_2\cdot$ 反应生成 $^1O_2$，如式(13.11) 和式(13.12) 所示。

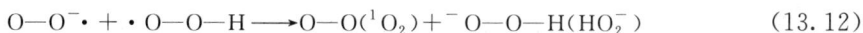

$$O-O^-\cdot + H_2O \longrightarrow H-O-O\cdot(HO_2\cdot) + OH^- \tag{13.11}$$

$$O-O^-\cdot + \cdot O-O-H \longrightarrow O-O({}^1O_2) + {}^-O-O-H(HO_2^-) \tag{13.12}$$

直接电子转移过程是近年来发现的另外一种典型的非自由基机制，直接电子转移过程可以总结为两大类反应机制，如图 13.1 所示。

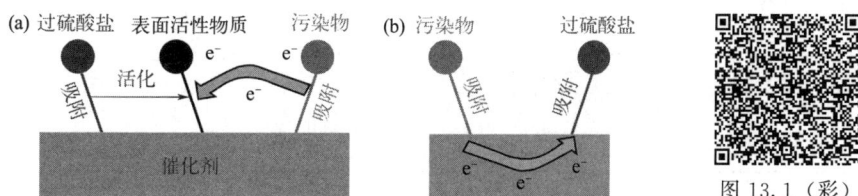

图 13.1　直接电子转移过程两大类反应机制——表面活性物质（a）、电子转移介质（b）

① 表面电子转移活性物质（ETC）。表面活性物质可以通过电子提取直接攻击有机物，对富电子物质（例如，染料、苯酚、氯酚和大分子抗生素）更具选择性，可进行亲电攻击。ETC 的种类又可以分为两小类。

一类是表面配合物。研究发现，由于石墨 N 的电负性高于其相邻的 C 原子，因此 N 原子可以接受来自其相邻 C 原子的电子以产生带正电荷的 C 原子，这有助于通过外球相互作用（静电键合）形成表面活化的过硫酸盐配合物，配合物中的 O—O 理论上应该受到静电作用的影响而变得不稳定，进而发挥氧化作用。

另一类是表面结合的 $SO_4^-\cdot$。游离的 $SO_4^-\cdot$ 和 $\cdot OH$ 定义为自由基路径，它们可以在生成后存在于溶液中。表面结合的 $SO_4^-\cdot$ 是活化 PDS 的另一种亚稳态，与表面限制反应相关，对常用的自由基清除剂表现出抵抗力，因此可以将表面结合的 $SO_4^-\cdot$ 归类为非自由基途径。

② 催化剂作为电子转移介质。催化剂通过表面电子转移机制作为电子穿梭，电子通过催化剂表面从吸附的有机底物传输到过硫酸盐。

13.3　高级氧化反应中活性物种的研究检测方法

（1）猝灭试验

为了鉴别过硫酸盐活化体系中主要的活性物种，通常选择一些与活性物种反应速率快的物质作为活性物种的猝灭剂，猝灭剂与常见活性物种的二级反应速率常数如表 13.4 所示。

表 13.4　猝灭剂与常见活性物种的二级反应速率常数　　　　单位：$mol^{-1}\cdot s^{-1}$

猝灭剂	$SO_4^-\cdot$	$\cdot OH$	$^1O_2$	$O_2^-\cdot$
甲醇	2.5×10^7	9.7×10^8	—	—
乙醇	10^7	10^9	—	—
苯甲醚	4.9×10^9	5.4×10^9	—	—
异丙醇	8.2×10^7	1.9×10^9	—	—
阿特拉津	$(2.6\sim3.5)\times10^9$	$(2.5\sim3.0)\times10^9$	—	—
叔丁醇	$(4.0\sim9.1)\times10^5$	$(3.8\sim7.6)\times10^8$	—	—
糠醇	—	1.5×10^{10}	1.2×10^8	—
叠氮化钠	1.2×10^{10}	2.5×10^9	1.0×10^9	—
L-组氨酸	—	—	3.0×10^{7①}	—
二苯基蒽	—	—	1.3×10^6	—
苯酚	8.8×10^9	6.6×10^9	—	—
苯甲酸	1.2×10^9	4.2×10^9	—	—
硝基苯	$<10^6$	$(3.0\sim3.9)\times10^9$	—	—
碳酸钠	—	—	—	1.5×10^9
对苯醌	—	—	—	9.0×10^8
硝基蓝四唑	—	—	—	$(1.9\pm0.4)\times10^9$
三氯甲烷	—	—	—	3.0×10^{10}

① pH=7 的重水（D_2O）环境。

（2）电子顺磁共振波谱（EPR）

EPR 和 NMR 都属于磁共振谱，分别研究电子磁矩和核磁矩在外磁场中重新取向所需的能量。EPR 的共振频率在微波波段，NMR 的共振频率在射频波段。5,5-二甲基-1-吡咯啉-N-氧化物（DMPO）和四甲基哌啶酮（TEMP）是研究活性物种最常用的自旋捕获剂。

DMPO 适用于捕获氧自由基，如 $SO_4^- \cdot$（水为溶剂）、$\cdot OH$（水为溶剂）、$O_2^- \cdot$（甲醇为溶剂），并生成具有特征 EPR 信号的加合物。TEMP 适用于捕获 $^1O_2$（水为溶剂）形成稳定的具有特征 EPR 信号的氮氧自由基（TEMPO）。实验操作步骤如下：首先配制 100mmol/L 的 DMPO 和 TEMP 捕获剂储备溶液、0.2g/L 的催化剂溶液、50mmol/L 的过硫酸盐储备溶液，然后取 250μL 的捕获剂储备液放入 1.5mL 离心管中，接着加入 250μL 的催化剂溶液，再加入 2.5μL 的过硫酸盐储备液，充分混合，开始计时，在反应 1min 和 5min 时，用毛细玻璃管进行取样，放入 EPR 仪的空腔进行测试。典型 EPR 信号的测量结果如图 13.2 所示。

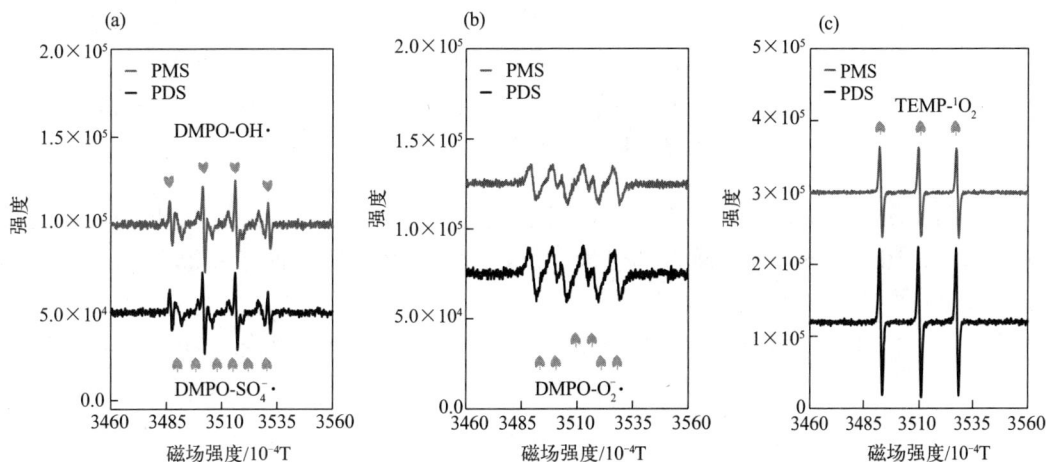

图 13.2　过硫酸盐体系中活性物种的典型 EPR 信号

（3）原位拉曼

EPR 分析可以对游离的活性物种进行定性及定量的比较，但是不能对结合态表面活性物种（ETC）进行分析。表面 ETC 主要有表面配位的激发态过硫酸盐和表面结合的自由基。以在不同温度下制备的热还原石墨烯（RGO）为例，通过拉曼原位检测催化剂表面有无新状态的硫氧键或者氧氧键形成。试验步骤如下：称取 2.5mg 催化剂，通过压片机压成薄片后转移到载玻片上，然后在催化剂薄片上滴加 125μL 的 PDS 储备液（50mmol/L），反应 1min 后，将载玻片迅速转移到拉曼仪器内，并将检测镜头对准过硫酸盐滴加的湿润区域，进行扫描。激光波长采用 532nm，扫描范围为 100～3500cm^{-1}。RGO-PDS 体系的原位拉曼光谱图如图 13.3 所示，PDS 在 830cm^{-1} 和 1075cm^{-1} 附近有两个典型的峰。图 13.4 为 Gaussian 软件计算的 $S_2O_8^{2-}$ 拉曼光谱图，通过理论计算可以对不同位置的峰代表的价键类型进行分辨，不同 RGO 催化剂吸附活化 PDS 过程中的峰形出现的位置也各不相同，说明形成表面 ETC 的种类也不一样。

（4）开路电位

原位拉曼分析可以初步证明表面 ETC 是否存在以及存在的类型，通过检测催化剂形成 ETC 后的氧化电势——开路电位，可以进一步表征表面 ETC 氧化能力的大小及形成数量。具体实验步骤如下：将 470μL 超纯水、160μL 无水乙醇、62.5μL 的 nafion 试剂依次加入玻璃试管，混匀；然后加入 2.5mg 的催化剂，混匀超声 2h；取 10μL 的催化剂混合液滴加到玻碳电极上，自然晾干；将负载有催化剂的电极在 20mmol/L PBS 溶液中过夜，以平衡电

图 13.3（彩）

图 13.4（彩）

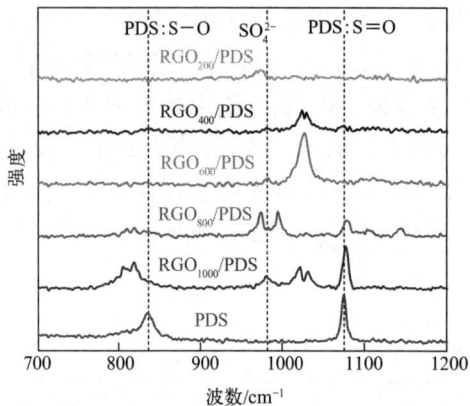

图 13.3 RGO-PDS 体系的
原位拉曼光谱图

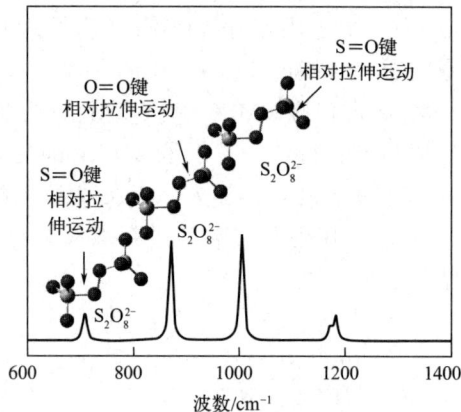

图 13.4 Gaussian 软件计算的
$S_2O_8^{2-}$ 拉曼光谱图

位。负载有催化剂的玻碳电极为工作电极，铂片电极为对电极，Ag/AgCl 电极为参比电极，20mmol/L 的 PBS 为电解液，通过电化学工作站测量开路电位，稳定一定时间，加入过硫酸盐，等开路电位稳定后，记录数据。

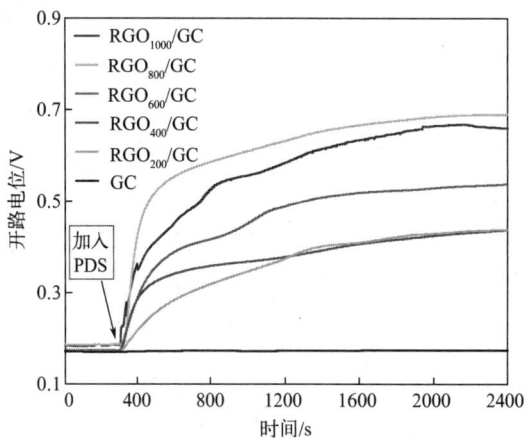

图 13.5 为 RGO/PDS 体系的开路电位，开路电位大小次序是 RGO_{800}（0.69V）>RGO_{1000}（0.66V）>RGO_{600}（0.538V）>RGO_{400}（0.437V）=RGO_{200}（0.437V），催化剂活化 PDS 形成表面 ETC 的能力不同，可以为表面 ETC 在过硫酸盐氧化体系中贡献的作用提供定量的参考依据。

图 13.5（彩）

图 13.5 RGO/PDS 体系的开路电位

第十四章 吸附/催化材料性质分析研究

14.1 概述

14.1.1 吸附作用

吸附（adsorption）一词最早是 1881 年由德国物理学家 Kayser 提出的，是指由于表面力的作用，在冷凝层和液体或气体层界面物质浓度增加的现象。吸附属于一种传质过程，包括吸附剂和吸附质两个组分。根据吸附剂对吸附质吸附能力的不同，可分为物理吸附（范德华力作用力）和化学吸附（共价键作用力）。吸附通常是一个自发进行、熵减小和放热的过程。常见的吸附机制包括五种相互作用，即疏水、π-π 键、氢键、共价键合和静电作用。这些相互作用及其强度受化学物质的结构和官能团以及吸附材料表面上的官能团的影响，并有多种模型来描述有机分子在吸附材料上的吸附，如 Freundlich 模型、Langmuir 模型、Temkin 模型、BET 模型和 Polanyi 模型等。

吸附法因操作简便、成本低、效率高、无高毒性副产物等诸多优点而受到青睐，在化工、医药、食品、环保等行业得到了广泛的应用。常用的吸附剂有以碳质为原料的各种活性炭吸附剂和金属、非金属氧化物类吸附剂，例如活性炭、黏土矿物、活性氧化铝和合成沸石等。

14.1.2 催化作用

催化是现代工业文明得以实现的重要基石之一，催化技术是化学化工行业的核心技术。国际纯粹与应用化学联合会（IUPAC）对于催化的定义：催化剂是一种物质，这种物质以小比例存在，提高反应达到化学平衡的速率，而自身不发生变化，这种作用称为催化作用，涉及催化剂的反应称为催化反应。

按催化剂的种类，可以将催化反应分为多相催化、均相催化、相转移催化、酶（生物）催化、电化学催化、光化学催化等。目前催化剂主要分为金属催化剂、金属氧化物催化剂、配位催化剂和酸碱催化剂。金属催化剂主要用于脱氢和加氢反应，主要指某些过渡金属，如 Fe、Co、Ni、Au 等；金属氧化物催化剂主要是指过渡金属氧化物，广泛用于部分氧化、加氢、脱氢、聚合和加合等反应，很多金属氧化物催化剂是半导体，如 ZnO、NiO、MnO_2 和 CuO 等，其催化活性与导电性、半导体电子能带、催化剂表面吸附能力等有关。配位催化剂金属是指过渡金属及其化合物有很强的配合能力，能形成多种类型的配合物，一般通过催化剂在其空配位上配合活化反应物分子进行。酸碱催化反应是指由酸碱催化剂催化的反应，该催化剂广泛用于催化裂化、异构化、烷基化、脱水、氢转移、歧化和聚合等反应，典型的固体碱催化剂有 MgO、CaO 和 SrO_2 等，固体酸催化剂有 $AlCl_3$、$FeCl_3$ 和硫酸盐型催化剂等。活性、选择性和稳定性是评价催化剂性能的三个关键参数，以低成本获得良好的、可持续的活性和选择性是催化剂设计和开发的关键目标。

14.1.3　吸附与催化的关系

吸附过程与催化作用在化学工业、石油炼制和环境保护方面具有重要意义。1836 年瑞典化学家 Berzelius 开创了吸附和催化这一新的科学领域，将吸附与催化密切联系在一起。20 世纪 70 年代至今，科学工作者根据催化剂表面原子结构和性质，利用量子化学理论和吸附机理，对催化过程及催化剂活性的影响展开了广泛而深入的研究。研究发现，吸附是催化反应的关键步骤之一，通过它可研究催化性质，揭示催化本质。其中催化剂的表面提供了催化反应的场所，物理吸附将反应组分富集在催化剂的表面，催化剂的孔径分布影响着反应物和产物的筛分、扩散与传质。另外反应物在催化剂表面上的化学吸附决定着反应物分子被活化的程序以及催化过程的性质。在非均相（多相）催化反应中，反应物由于化学吸附聚集在催化剂表面，且研究表明这种化学吸附过程是催化反应进行的关键步骤。

未来吸附在催化中的应用将会越来越广泛，吸附理论研究的发展、新型吸附剂的设计和制备影响着催化反应的发展。对吸附科学的认知为了解催化剂的微观机理、开发催化剂的新反应体系和催化技术的工业应用提供了广阔的空间。

14.2　催化剂的表征

随着物理和化学实验技术以及理论方法的发展，可利用光谱和能谱、高分辨电镜和同步辐射等技术，对吸附催化材料进行表征，明晰催化剂颗粒大小、表面内部形貌特征、表面电负性、比表面积和孔分布、表面官能团种类、密度、材料组成及晶型等物化性质，探究反应前后及反应过程的表面结构、活性中心的类型与数量、催化反应的基元步骤（机理）和催化反应的快慢（动力学），为实现催化剂的绿色化合成，进行化学催化、生物催化和光电催化等多种形式的催化过程提供理论基础和技术支撑。本节所涉及的都是应用于环境吸附催化的最常见的表征和研究方法，以催化剂为例，简要介绍其应用范围以及案例。

14.2.1　催化剂物理性质的表征

（1）形貌与结构分析

催化剂的形貌和结构特征可以通过扫描电子显微镜（SEM）、透射电子显微镜（TEM）、扫描隧道显微镜（STM）和原子力显微镜（AFM）来直接观测。常用显微技术的具体性能指标如表 14.1 所示：

表 14.1　常用显微技术的具体性能指标

显微技术	性能指标	优点	缺点
SEM	表征材料的二维表面形貌、样品断口形貌、表面显微结构、薄膜内部的显微结构、结合能谱区元素分析与定量元素分析	① 能够提供高分辨率的表面形貌分析； ② 可以通过能谱仪（EDS）和波谱仪（WDS）等来进行成分分析，同时也可以对显微结构进行观察； ③ 可显著增强材料表面图像的对比度； ④不受样品形态和大小的限制，可以对各种形态、大小、组织结构的材料进行表面分析	① 由于 SEM 的探测深度较浅,不能观察材料内部结构； ② 与其他显微技术相比分辨率较低,无法进行 nm 级别的分析； ③ 不适用于对非导电和非真空材料的表面进行分析

显微技术	性能指标	优点	缺点
TEM	表征材料晶体形貌、分子量分布、微孔尺寸分布、多相结构、晶格与缺陷、金属与载体相互作用等。配合能谱仪可以对各种元素进行定性、定量及半定量的微区分析	① 能够提供高分辨率成像，通常在亚纳米级别，可以用于研究非常小的物质结构和细节； ② 可用于进行高灵敏度的元素分析，确定样品的元素成分和组成； ③ 实现原子分辨率的成像，可观察到原子的位置和排列方式； ④ 适用于多种样品类型，包括晶体、薄膜、生物样品等	① 仪器复杂度高、操作难度较大； ② 样品制备技术要求高，需要采用特殊的制备技术，如电子束切割、离子薄化等； ③ 对样品的破坏性较大
STM	表征材料的三维结构形貌，观察表面缺陷、表面重构和表面吸附体的形态和部位	① 提供原子级别的分辨率，可以在原子和分子尺度上进行成像，研究纳米结构和表面性质； ② 无需高压真空环境，可在大气压下进行操作，前期处理和准备样品简单； ③ 可通过探测隧道电流和力的变化来测量样品表面的电学和力学性质	① 对样品表面的平整度要求较高； ② 只能测量导电样品； ③ 设备价格昂贵，使用和维护成本高； ④ 不适用于大样品成像，成像速度较慢，需要较长时间进行扫描
AFM	表征材料三维表面轮廓和形貌，测定表面原子间力与表面力学性质	① 能够提供高分辨率的表面图像，通常在 nm 级别； ② 可进行力学性质分析，如弹性模量、硬度等； ③ 可在大气、液体和真空等各种环境下工作，适用于各种类型的样品； ④ 不需要对样品进行涂层和标记，不会对样品造成破坏	① 需要逐点扫描样品表面，扫描速度较慢； ② 对探针的要求较高，需要具有较高的稳定性和灵敏度，探针的寿命较短； ③ 仪器价格较高

（2）比表面积与孔径分布

比表面积和孔径是用来表征材料外表面和孔结构的物理性能参数，其大小与材料的吸附性能、催化性能等密切相关。通常来讲，比表面积越大，提供的反应位点越多，催化剂活性越高。孔径分布是单位质量材料孔隙体积随孔径的变化率，孔结构不但影响催化剂的反应级数、速率常数、活化能以及选择性，还能影响催化剂的寿命、机械强度、耐热性等。目前环境催化中常用比表面及孔隙度分析仪（BET）进行多孔材料的比表面积与孔结构的分析，利用固体材料的吸附特性，通过比表面积模式、介孔模式和全孔模式测试材料的比表面积、总孔容、孔径分布和吸脱附曲线等数据。

（3）粒径分析

以直径表示颗粒的大小，称为粒径，用一定方法反映出一系列不同粒径区间颗粒分别占试样总量的百分比称为粒度分布。常用的实验室方法有激光衍射法、电泳法等。其中激光衍射法是利用激光粒度仪基于 Fraunhofer 衍射理论或 Mie 散射理论、光学散射等效粒径、截面积分布或体积分布进行测定。电泳法是利用 Zeta 电位仪基于动态光散射理论和流体动力学等效粒径进行粒径分析。

（4）热力学分析

热重分析又叫热重法（TG），是在程序控制温度下测量物质的质量与温度关系的一种热分析技术，可以得到样品在升温或者降温过程（比如吸附、脱附、分解等）中质量的变化。由热重分析法得到的曲线称为 TGA 曲线或 TG 曲线，横坐标为温度，纵坐标为质量分数。

14.2.2　催化剂化学性质的表征

基于光谱和能谱的催化剂表征方法是最常见的催化剂化学性质表征方法，是以光（包括 X 射线）、电子、离子作为探针入射催化剂，检测从催化剂散射、反射、透过或二次产生的光（包括 X 射线）、电子和离子。研究者通常结合多种方法来全方面表征催化剂的结构和性质，常见的基于光谱和能谱的催化剂表征方法及性能指标见表 14.2。

表 14.2　常见的基于光谱和能谱的催化剂表征方法及性能指标

催化剂表征方法	性能指标
X 射线衍射(XRD)	① 确定材料的晶体结构:晶体有丰富的谱线特征,把样品中最强峰的强度和标准物质的进行对比,可确定样品的结晶度。 ② 确定材料的物相组成:不同材料物相组成有差异,通过将衍射谱图中衍射峰数目、角度位置、相对强度以及衍射峰形与标准谱图进行对比,可以确定所测样品晶态物质组成元素或基团
X 射线光电子能谱(XPS)	① 定性分析(元素组成及化学态分析):XPS 可判断样品表面的元素组成,原则上可以测定元素周期表上除氢、氦以外的所有元素,并通过测定内层电子的化学位移可推知元素的化学态和电子分布状态等信息。 ② 定量分析:通过光电子峰的强度可以对元素进行定量分析,强度越大代表元素含量越高。 ③ 成像分析:当材料表面组成不均匀时,可通过 XPS 成像技术表征其组成分布情况,可实现化学元素成像及同种元素的不同化学态成像分析
傅里叶变换红外光谱(FTIR)	① 官能团定性分析:依据红外吸收光谱的特征频率与谱图库进行对照,鉴别含有哪些官能团,以推测未知化合物的大致类别。 ② 结构分析:通过红外吸收光谱提供的信息,与未知物的其他性质以及紫外吸收光谱、核磁共振波谱、质谱结构分析等测试的结果相互结合,来确定未知物的化学结构式
拉曼光谱(Raman)	① 可鉴定样品的晶形结构:根据拉曼谱图中的拉曼频率、谱峰强度、谱峰位置、谱峰位移等信息可对物质进行定性和晶型的鉴别。 ② 拉曼成像还可确定样品中的不同化学成分、形态与结晶度的分布,常用于碳材料的分析,可确定碳材料的石墨化程度、无序和有序的碳晶体结构等信息
电感耦合等离子体发射光谱/质谱(ICP-OES/MS)	主要用于金属材料以及新型材料的成分检测,通过接收不同波长的发射光来定量分析元素,基本可以检测元素周期表中的全部元素,常用来鉴定金属元素、稀土元素、卤素和一些非金属元素
X 射线荧光光谱(XRF)	对物质的元素进行定性和定量分析:根据元素特征 X 射线的强度,可获得各元素的含量信息
原位 X 射线吸收光谱(XAS)	基于同步辐射光源,研究材料局域原子或电子结构,可测量随能量变化的 X 射线吸收系数的结构,通常将 XAS 谱分为两区域,即 X 射线吸收近边结构(XANES)和扩展 X 射线吸收精细结构(EXAFS)

14.3　案例拓展阅读

金属-有机框架（MOFs）材料及其研究案例见二维码 14-1。

二维码 14-1

第十五章 废水生物处理研究

15.1 废水生物处理概述

在 19 世纪以前,物理和化学处理是主要的废水处理方法,例如气浮和化学沉淀。然而,这些方法不仅成本高,而且无法完全去除废水中的污染物。在 19 世纪末期,有德国细菌学家发现将污水暴露于大量气体中可以降低有机物浓度,这启发了后来的研究者挖掘微生物处理废水的潜力。在 20 世纪初期,美国劳伦斯试验站的克拉克(Clark)和盖奇(Gage)将污水进行长时间曝气,发现有污泥产生的同时水质会得到净化。继而英国曼彻斯特戴维汉姆实验室的爱德华·阿登(Edward Ardern)和威廉·洛克特(William Lockett)在福勒的指导下对这一现象进行了进一步研究,他们将曝气产生的污泥留下来而非排出去,促进了早期活性污泥工艺的诞生。在接下来的 100 多年中,活性污泥法衍生出了各种工艺变型,如曝气生物滤池、序批式生物反应器、厌氧-缺氧-好氧工艺、氧化沟、膜生物反应器等。这些污水生物处理技术被广泛应用于城市生活污水和工业废水的净化,并取得了巨大的成功。

废水生物处理技术依赖于微生物的代谢功能来分解废水中的氮、磷和有机物等污染物,因此采用可靠的生物检测技术来监测废水生物处理系统的运行状况尤为重要。通过监测微生物的形态特征,例如细胞大小、形状和生长模式,可以评估废水处理系统中微生物的生理状态,从而判断微生物降解过程是否有效以及废水处理系统是否正常运行。评估废水生物系统的微生物活性,对于废水系统的处理效果预测、优化运行条件,以及应急事件监测有重要意义。同时,通过识别微生物群落的丰度和组成,可以反映关键微生物对不同污染物的处理能力,预测系统的微生物功能特征,以及对外界因素(如负荷波动、温度变化等)的响应能力。环境监测技术在微生物形态、活性和群落结构等方面的广泛应用和发展,为全面了解废水生物处理系统中微生物的特征和功能提供了有力支持,为废水生物处理的持续改进和优化提供了科学依据,极大地推动了废水生物处理技术的发展。

15.2 微生物形态检测技术

光学显微镜是废水处理中微生物形态检测的最早期方法。通过调整显微镜的倍数和焦距,可以观察微生物细胞的特征,包括细胞的尺寸、形状以及宏观结构。在废水处理中,光学显微镜可以用来记录颗粒污泥的造粒化过程。例如通过使用光学显微镜,可以观察到接种絮状污泥中大量的丝状细菌,在颗粒化进程中这些细菌形成的丝状结构将颗粒黏结在一起,逐渐形成颗粒污泥。光学显微镜观察活性污泥具备直观性、灵活性以及低成本的优点,但也存在分辨率低等限制，无法观测更细微的细胞结构。随着科技的发展，扫描电子显微镜（SEM）的出现填补了光学显微镜的不足。SEM通过电子束而非光子束扫描来观察和分析样品，具有较高的分辨率和深度的焦平面，可以提供更详细、清晰的图像和表面细节。借助于SEM不仅能够观测不同形态（杆状、丝状和球状）的细胞，而且能够根据其具备的特定细胞结构（如细菌鞭毛，细胞壁等）鉴定出其所属的细菌。另外，SEM的高分辨率能够直接观察反硝化细菌和希瓦氏菌生成的细胞鞭毛结构介导的电子传递通道 [图 15.1(a)]，这为微生物间相互作用提供了最直观的可视化证据，进一步证明微生物间存在种间电子传递过程。

由SEM发展而来的透射电子显微镜（TEM）通过透射电子束而非扫描电子束来观察样品，从而能够提供更高的分辨率。电子束通过生物样品后，被一系列电子透镜系统聚焦到投影屏，形成高分辨率的细胞超微结构图像。此外，TEM还可以通过能谱分析、电子衍射和束缚能谱等高级技术，获取有关样品成分、晶体结构和元素分布的信息。在生物处理过程中，TEM可用来观察纳米粒子入侵细胞情况。如通过使用TEM观测到了纳米银（AgNPs）能够破坏厌氧氨氧化菌细胞膜，并进入胞内与胞内蛋白质和DNA结合，同时也证实了厌氧氨氧化菌独有的厌氧氨氧化体将部分AgNPs截留在胞外，这为解析厌氧氨氧化细菌对AgNPs的毒性抗性机制提供了可视化证据。在类似的实验中，也观测到了零价铁进入反硝化菌细胞的过程，进一步结合能谱分析胞内黑色纳米颗粒元素组分，证实其为氧化铁，这从金属迁移路径和元素分析的角度，明确了零价铁进入反硝化菌细胞后的存在形态。图 15.1(b) 为反硝化菌细胞的TEM图谱以及EDS分析。图15.1(c) 为投加零价铁后的反硝化菌细胞的TEM图谱以及EDS分析。

原子力显微镜（AFM）是一种革命性的显微镜技术，其利用在探针尖端附加的探测器和表面之间的相互作用力，通过扫描样品表面来获取精确的高分辨率图像，实现原子级别的表面形貌和力学性质的观察，因此具有极高的分辨率和灵敏度。在环境领域中，AFM可应用于观察细胞形态和细微结构变化。如AFM图像显示受到毒性侵害的细胞与没有被侵害的细胞相比，细胞表面展现出非常粗糙的纹理，这些粗糙的结构是细胞内泄漏的有机成分存在而导致的，这也为受毒性侵害微生物细胞组分的泄漏提供了最为直接的可视化证据。AFM监测细胞表面形态如图 15.1(d) 所示。

图 15.1（彩）

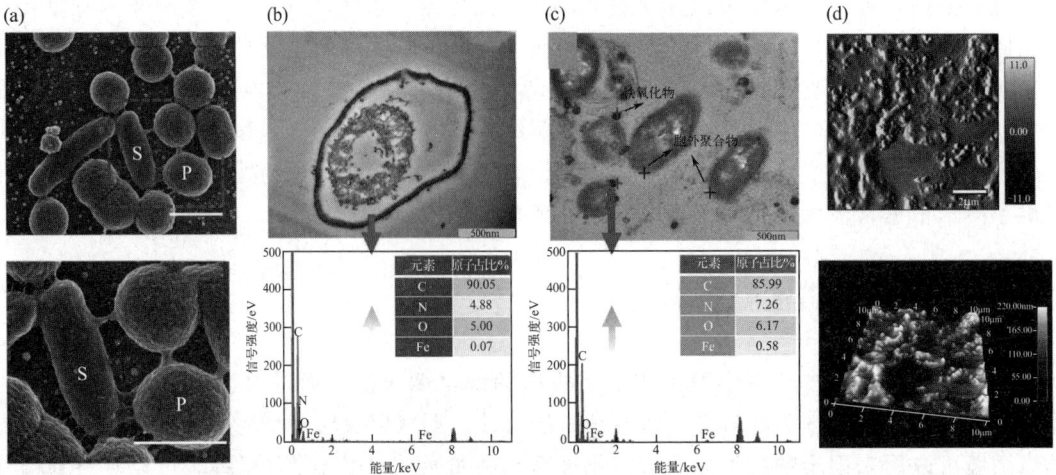

图 15.1 反硝化细菌与希瓦氏菌形成电子传递通道的SEM图谱（a），反硝化菌细胞的TEM图谱以及EDS分析（b），投加零价铁后的反硝化菌细胞的TEM图谱以及EDS分析（c）和AFM监测细胞表面形态（d）

15.3　微生物活性检测技术

　　菌落形成单位（CFU）是最早被应用于检测污水处理厂中活性污泥活性的一种方法，其原理是基于微生物在适宜条件下的生长繁殖以及形成可见菌落的能力。通常操作方法是将处理后的活性污泥样品接种到含有适宜培养基的培养皿中，观察培养皿上出现的微生物菌落，使用显微镜或计数器记录可见 CFU 数值，这一方法能够评估活性污泥系统的整体活性水平。然而，CFU 检测存在操作烦琐、耗时长和误差率高等弊端，因而其他更快速、准确且定量的检测方法也正在逐渐被开发和采用。

　　流式细胞仪是一种用于研究细胞和微粒的仪器，它基于细胞在流体中单个通过激光束时发生散射和荧光现象，从而评估细胞数量、形状、活死比等生物化学特性。在废水生物处理中，流式细胞仪可用于评估微生物载体挂膜过程中生物膜形成以及活细胞比例变化［图 15.2(a)］，相比于微生物干重（MLSS、MLVSS）等传统生物膜负载量计算方法，流式细胞仪能够给出更为准确的活细胞数目和比例。另外，流式细胞仪还可用来评估生物系统在毒性物质冲击下细胞活力的变化。如在评估农药二氯吡啶酸对反硝化系统活性抑制情况时，通过流式细胞仪能够直接得到不同浓度二氯吡啶酸造成的凋亡细胞比例，这有助于了解其对生物系统的潜在危害，并确定安全允许进入反硝化系统的农药剂量范围。随着激光技术、光学系统的进步以及各类探测器的发展，对于微生物活性检测的要求也逐渐趋向于可视化。

　　激光共聚焦显微镜（CLSM）提供了细胞级别的观察和分析能力，并从三维的角度揭示了微生物的空间分布和活性变化。在废水处理中，CLSM 能够帮助研究人员深入了解微生物活性、微生物群落和生物膜形成的相互作用过程。例如，使用 CLSM 能够观测到厌氧氨氧化颗粒污泥培养过程中，厌氧氨氧化细菌和反硝化细菌的活性以及生态位空间分布情况［图 15.2(b)］，从

图 15.2（彩）

而监测厌氧氨氧化菌在颗粒污泥中的增殖过程并解释厌氧氨氧化颗粒污泥形成机制，同时，还有助于评估颗粒污泥的健康状态和活性，并指导颗粒污泥的优化和控制。

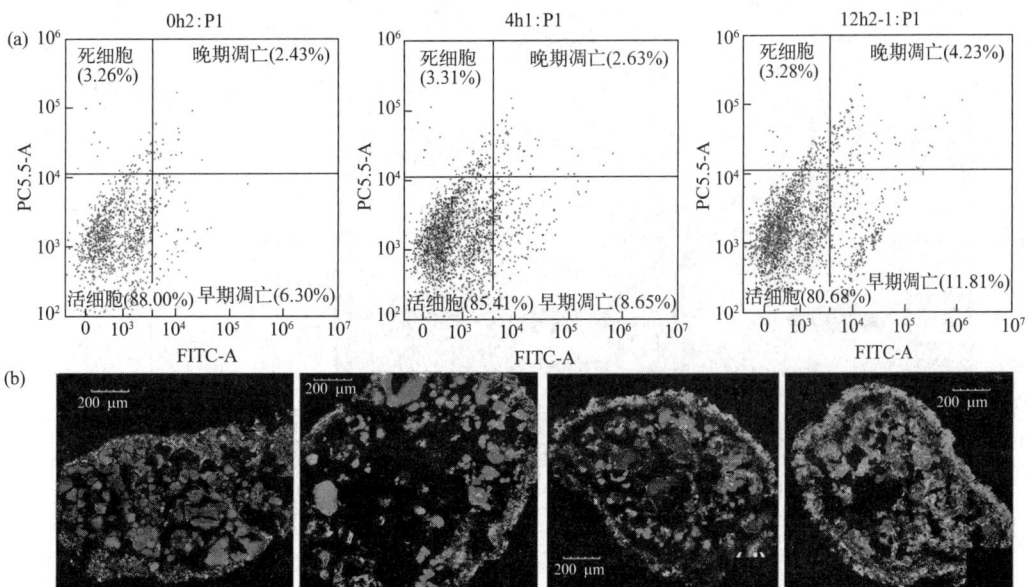

图 15.2　微生物载体挂膜过程中活细胞比例变化（a），CLSM 分析厌氧氨氧化菌活性以及生态位空间分布（b）

15.4　微生物群落检测技术

　　荧光原位杂交（FISH）是常用于废水生物处理微生物检测的分子生物学技术，其基于荧光标记的 DNA 或 RNA 探针与待测微生物的特定 DNA 或 RNA 序列进行杂交，来鉴定特定微生物群落的存在和相对丰度。例如，为了验证活性污泥系统的污泥膨胀是由丝状菌过度繁殖引起的，结合特定的 DNA

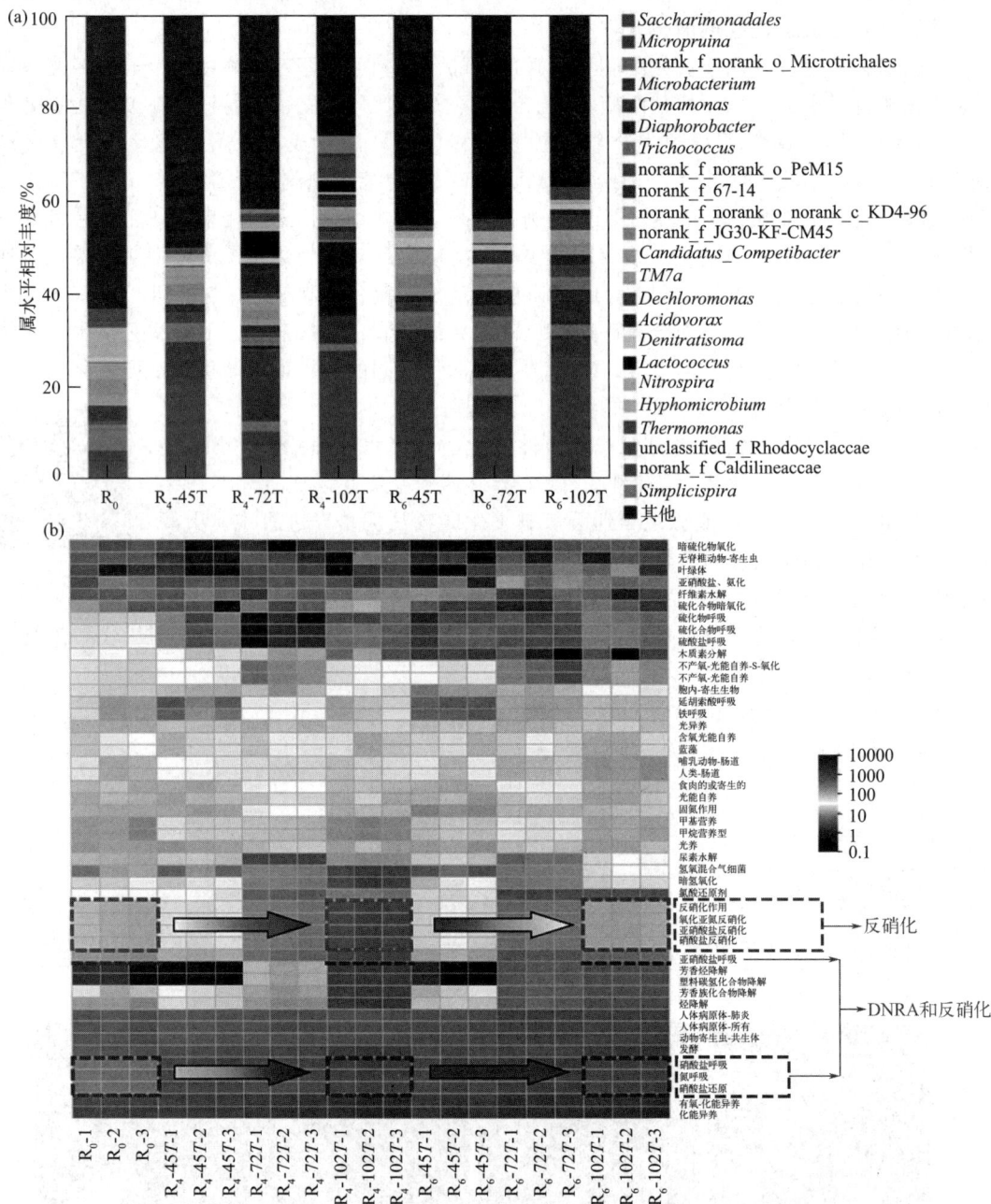

图 15.3（彩）

图 15.3　不同 Cr(Ⅵ) 浓度冲击下反硝化菌群结构变化（a）和基于 16S rRNA 的功能预测热图（b）

R_0-无 Cr(Ⅵ) 冲击系统；R_4-Cr(Ⅵ) 冲击浓度为 30mg/L；R_6-Cr(Ⅵ) 冲击浓度为 80mg/L；T-生物反应器的运行周期数

探针，可用 FISH 来专门检测污泥中丝状细菌 *Microthrix parvicella* 的丰度。FISH 技术由于其高特异性、快速性以及高定位精度成为研究微生物群落的重要工具之一。但 FISH 技术高度依赖于事先设计的探针，因此需要了解目标微生物的基因序列信息，才能选择合适的探针进行杂交。另外，由于探针的设计基于特定的微生物靶标，因此难以捕捉到完整的微生物群落信息。

为了能够研究微生物群落结构的丰富度与多样性，高通量测序技术（16S rRNA）在废水生物处理中得到了广泛的运用与发展。它基于微生物细胞中 16S rRNA 基因的序列差异，通过扩增、测序和分析 16S rRNA 基因的序列信息来确定废水处理系统中存在的各种微生物类型和丰度变化。如借助于 16s rRNA 技术能够解析不同 Cr(Ⅵ) 浓度冲击下的反硝化菌群结构变化情况 [图 15.3(a)]，将反硝化菌群和硝酸盐异化还原为氨（DNRA）菌群分类并评估丰度变化，从微生物角度揭示了 Cr(Ⅵ) 对反硝化菌群氮还原路径的影响机制。同时基于 16S rRNA 的功能预测热图 [图 15.3(b)]，对氮呼吸（硝酸盐呼吸、亚硝酸盐呼吸、DNRA）功能变化进一步分析，验证了 Cr(Ⅵ) 对氮还原路径产生的实际性影响。

然而，随着对污水系统微生物群落结构的深入了解，研究人员开始更为关注群落在基因水平的功能特性。宏基因组学的发展提供了一种全面了解污水处理系统微生物群落的遗传组成和功能的手段。例如采用宏基因组学技术，能够通过碳和氮代谢、氧化应激水平、细胞结构等功能基因响应变化，多维度地揭示微塑料对活性污泥系统微生物氮转化和代谢的影响。通过宏基因组分析，可以全面预测微生物群落在废水处理过程中的功能潜力和参与的代谢途径，这些预测为废水处理系统的设计和优化提供指导，并有助于最大程度地提高系统的废水处理效果。

15.5　案例拓展阅读

生物脱氮技术介绍和相关微生物研究见二维码 15-1。

二维码 15-1

第十六章 沉积物/土壤微生物燃料电池研究

16.1 土壤微生物电化学系统概述

众所周知，ATP是微生物维持生命活动所必需的直接供能物质，是微生物通过呼吸作用，在酶促作用下氧化细胞内营养物质产生的。对于大多数微生物，在这个过程中，营养物质在被氧化的过程中会脱氢产生质子和电子，产生的电子和质子通过一系列的传递过程，传递给最终氢受体和电子受体，从而产生ATP。微生物产生的电子和质子传递给受体的过程又被称为电子传递。环境中存在一些特殊的微生物，它们可以将体内产生的电子转移至胞外，并且可以将胞外的腐殖质、固体金属氧化物或导电材料作为电子受体，这一过程被定义为胞外电子转移过程（EET）。那些以导电材料为电子受体的微生物被称为电活性微生物（EAM）。根据向外和向内的胞外电子转移能力，可以将电活性微生物分为产电菌和电营养菌。在EAM的基础上，微生物电化学系统（MES）应运而生。MES利用生物催化剂在电化学系统的阳极和阴极表面发生氧化还原反应，其目标是在降解废弃物的过程中回收生物能和其他具有附加值的化学产品。在MES中，微生物电子传递机理有三种可能的途径：通过细胞色素C或其他还原性蛋白进行的电子传递，通过具有电传导性的纳米导线的电子传递以及通过微生物自身分泌的电子穿梭体电子传递。研究表明，微生物电子传递过程并不是单一的传递过程，而是上述三种电子传递相互交织在一起形成的电子传递路径，将电子传递给电极。

根据电极上的电子受体和电极反应的不同，MES可以分为微生物燃料电池（MFC）和微生物电解池（MEC）两大类。微生物燃料电池一般以氧气作为阴极上的电子受体，氧气得电子的氧化还原电位比阳极反应的高，所以外电路中的电子的流动是自发的。而在微生物电解池中，阴极上质子还原的氧化还原电位比阳极上反应的低，电子是不能自发流动的。土壤微生物电化学系统（SMES）是从MFC演化而来的，其反应基质为土壤，借助特定的具有胞外电子传递能力的EAM实现同时产电和污染物降解。

SMES通常由土壤（底物）、阴极、阳极、导线和外电阻构成，阴极主要是由催化剂和催化剂支撑材料构成，阳极材料包括碳毡、碳纤维刷和碳纸。常见的SMES构型主要有内置插入型、U型、柱型、分层多阳极型、阳极平铺埋入型、石墨棒阳极型等。在所有SMES的构型中，阳极均埋于土壤内，阴极放置于上覆水或空气中。通常在土壤上层添加上覆水，这种形式在确保土壤环境为厌氧状态的同时，也确保了土壤有较高的电导率，这一形式的SMES被称为水淹式，是一种常用的SMES构型。在SMES中，阳极上富集着产电菌，它捕获有机质产生电子并传递至阳极，电子通过外部电路到达阴极，阴极上的电营养菌接收来自阳极的电子并还原多种底物以进行细胞呼吸,如还原氧气,与氧化有机质中产生的质子结合生成水。常见 SMES 的工作原理如图 16.1 所示。根据上述原理,SMES 在降解土壤中有机质的同时产生电能,即实现废物利用和能量回收。除了上述的氧化还原反应去除土壤中的有机质,SMES 还可以将土壤中的有机污染物吸附到电极或电极生物膜上。不仅如此,SMES 还可作为土壤修复过程中的监测指标,判断微生物电化学过程的进程。

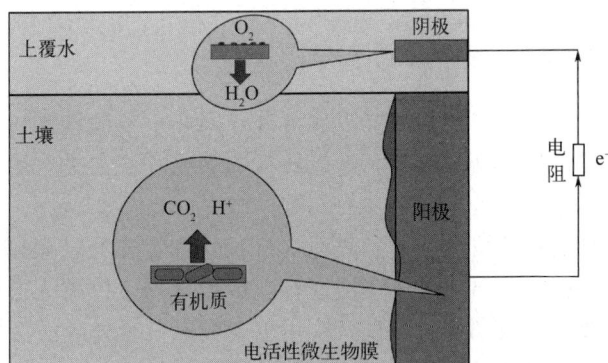

图 16.1 常见 SMES 的工作原理示意图

图 16.1(彩)

16.2 土壤微生物电化学系统研究中的分析技术

16.2.1 电化学性能分析

(1)电流及阴极电位数据采集

沉积物微生物燃料电池的输出电压需要在线进行实时数据采集,例如在实际的实验过程中可以每 10min 记录一个电压数据。系统的输出电流和功率按照欧姆定律由输出电压数据进行计算。此外,对于 SMES 的阴极电位,可以用采集线将参比电极和阴极相连,以实时监测阴极电位,其中 Ag/AgCl 是常用的参比电极。

(2)极化曲线和功率密度曲线

极化曲线是系统输出电压与极化电流密度之间的关系曲线。当金属作为阳极时,其电极电势大于其热力学电势,会发生阳极溶解过程。阳极的溶解速度随电位变正而逐渐增大,这是正常的阳极溶出,但当阳极电势正到某一数值时,其溶解速度达到最大值,此后阳极溶解速度随电势变正反而大幅度降低,这种现象称为金属的钝化现象,如典型阳极极化曲线(图 16.2)中的 BC 段曲线。极化曲线测定的方法有恒电位法和恒电流法。恒电位法就是将研究电极电势依次恒定在不同的数值上,然后测量对应于各电位下的电流。恒电流法就是控制研究电极上的电流密度依次恒定在不同的数值上,

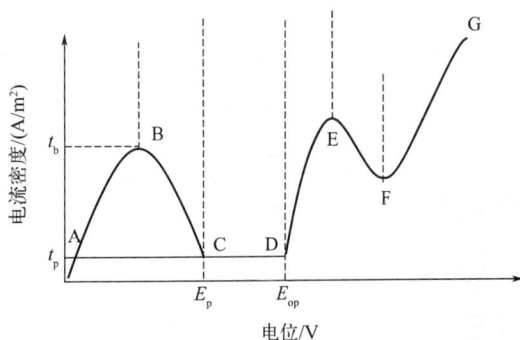

图 16.2 典型阳极极化曲线

同时测定相应的稳定电极电势值。值得注意的是，极化曲线的测量应尽可能接近体系稳态。在 SEMS 中，通过改变外接电阻值的大小，测定 SMES 的输出电压和电流或电流密度之间的关系。绘制极化曲线的具体操作步骤为：①首先将外电阻 R 调整到最大并稳定 1h 后开始测试；②调节外阻阻值从最大逐渐下降至 10Ω，每次待系统稳定后，记录输出电压；③绘制输出电压和电流密度的关系曲线。所测得的极化曲线的斜率就是 SMES 的内阻阻值。功率密度曲线为不同外阻条件下的功率密度与电流密度的关系。在 SMES 中，功率密度曲线的最高点常用来表征系统的产电性能。

16.2.2　电极材料的表征

电极材料是电化学储能器件中的重要组成部分，因此，电极材料的表征方法和性能评价技巧对于电池研发和优化具有重要意义。电极材料的表征方法主要包括物理性能测试和电化学性能测试。

物理性能测试主要是通过扫描电子显微镜（SEM）和激光共聚焦显微镜（CLSM）等手段对电极材料的形貌、颗粒大小和晶体结构进行观察和分析。扫描电子显微镜主要用于观察电极表面的微观结构形态，激光共聚焦显微镜用于观察电极生物膜的微生物存活情况及其三维结构。这些物理性能的表征可以帮助研究人员了解材料的形貌特征和结构性能，为进一步的研究提供基础数据。

电化学性能测试是评价电极材料性能的关键方法。最常用的电化学测试技术包括循环伏安法（CV）、恒电流充放电法（CD）和交流阻抗谱（EIS）等。循环伏安法可以通过扫描电极材料的电位范围，得到电流和电位的关系曲线，可用于分析附着在电极上的产电微生物的活性。恒电流充放电法是通过在恒流条件下对被测电极进行充放电操作，进而研究电极的充放电性能，计算其实际的比容量。交流阻抗谱是通过测量电极材料的交流电阻和电容来推测材料的电离程度和传导性能。CV 测试在传统的三电极系统中进行，测试溶液为灭菌的 PBS 溶液。测量前，生物电极需要用灭菌的 PBS 溶液清洗。将生物电极、Pt 片电极和 Ag/AgCl 电极分别连接到工作电极、对电极和参比电极，并对测试溶液通入氮气 15min，目的是避免氧气的影响，然后选用合适的电压范围和速率进行扫描。以

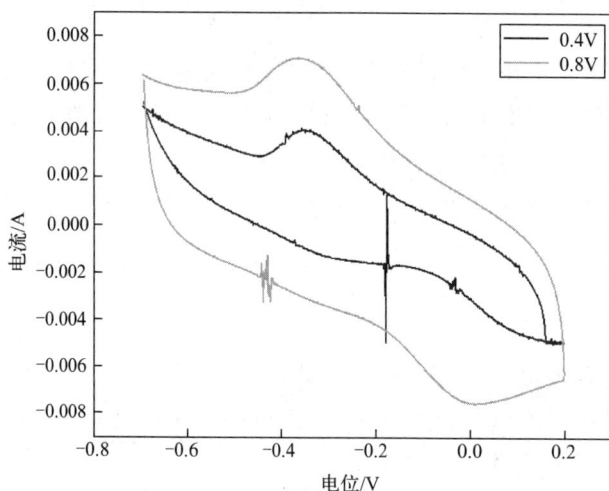

图 16.3（彩）

图 16.3　微生物电解池的阳极循环伏安特性曲线

微生物电解池为例，其阳极循环伏安特性曲线如图 16.3 所示。循环伏安法和交流阻抗谱都可以使用电化学工作站进行测量。

16.3 案例拓展阅读

微生物燃料电池技术应用案例见二维码 16-1。

二维码 16-1

参考文献

[1] WANG Z Y,WALKER G W,MUIR D C G,et al. Toward a global understanding of chemical pollution: a first comprehensive analysis of national and regional chemical inventories[J]. Environmental Science & Technology,2020,54 (5):2575-2584.

[2] United Nations Environment Programme. Global chemicals outlook Ⅱ-from legacies to innovative solutions: implementing the 2030 agenda for sustainable development[R]. Geneva: UNEP,2019.

[3] 中华人民共和国生态环境部. 新污染物治理行动方案 (征求意见稿)[R/OL]. (2021-10-11). https: //www. mee. gov. cn/xxgk2018/xxgk/xxgk06/202110/W020211011600835423708. pdf.

[4] 张丛林,郑诗豪,邹秀萍,等. 新型污染物风险防范国际实践及其对中国的启示[J]. 中国环境管理,2020,12 (5):71-78.

[5] KÖNNEKE M,BERNHARD A,JR D L T,et al. Isolation of an autotrophic ammonia-oxidizing marine archaeon[J]. Nature,2005,437 (7058):543-546.

[6] FRANCIS C A,BEMAN J M,KUYPERS M M M. New processes and players in the nitrogen cycle: the microbial ecology of anaerobic and archaeal ammonia oxidation[J]. The ISME Journal,2007,1 (1):19-27.

[7] 孙宝盛,单金林,邵青. 环境分析监测理论与技术[M]. 2 版. 北京:化学工业出版社,2004.

[8] 方惠群,于俊生,史坚. 仪器分析[M]. 北京:科学出版社,2002.

[9] 王灿. 环境分析与监测[M]. 北京:科学出版社,2021.

[10] ARGUN M E,ARGUN M S,ARSLAN F N,et al. Recovery of valuable compounds from orange processing wastes using supercritical carbon dioxide extraction[J]. Journal of Cleaner Production,2022,375:134169.

[11] WANG Q,ZHAO Z,RUAN Y F,et al. Occurrence and seasonal distribution of legacy and emerging per-and polyfluoroalkyl substances (PFASs) in different environmental compartments from areas around ski resorts in northern China[J]. Journal of Hazardous Materials,2021,407:124400.

[12] 刘约权. 现代仪器分析[M]. 2 版. 北京:高等教育出版社,2006.

[13] ZHAI H Y. Detection and formation of new polar brominated disinfection byproducts in disinfection of drinking waters[D]. 香港:香港科技大学,2011.

[14] WANG L,ZHANG J,HOU S G,et al. A simple method for quantifying polycarbonate and polyethylene terephthalate microplastics in environmental samples by liquid chromatography-tandem mass spectrometry[J]. Environmental Science & Technology Letters,2017,4 (12):530-534.

[15] CHEN S,XIE Q R,SU S H,et al. Source and formation process impact the chemodiversity of rainwater dissolved organic matter along the Yangtze River Basin in summer[J]. Water Research,2021,211:118024.

[16] LI N,LI R,Duan X G,et al. Correlation of active sites to generated reactive species and degradation routes of organics in peroxymonosulfate activation by co-loaded carbon[J]. Environmental Science & Technology,2021,55 (23):16163-16174.

[17] WANG L L,ZHANG K,LI J X,et al. Engineering of defect-rich Cu_2WS_4 nano-homojunctions anchored on covalent organic frameworks for enhanced gaseous elemental mercury removal[J]. Environmental Science & Technology,2022,56 (22):16240-16248.

[18] WU Y,WANG C,WANG S,et al. Graphite accelerate dissimilatory iron reduction and vivianite crystal enlargement[J]. Water Research,2021,189:116663.

[19] ZHU Y-J,OLSON N,BEEBE T P. Surface chemical characterization of 2. 5-μm particulates ($PM_{2.5}$) from air pollution in salt lake city using TOF-SIMS,XPS,and FTIR[J]. Environmental Science & Technology,2001,35 (15):3113-3121.

[20] ZHENG Y F,SU Y,PANG C H,et al. Interface-enhanced oxygen vacancies of $CoCuO_x$ catalysts in

situ grown on monolithic Cu foam for VOC catalytic oxidation[J]. Environmental Science & Technology, 2022, 56 (3): 1905-1916.

[21] 韩长秀, 毕成良, 唐雪娇. 环境仪器分析[M]. 2版. 北京: 化学工业出版社, 2018.

[22] 朱玉贤, 李毅, 郑晓峰, 等. 现代分子生物学[M]. 4版. 北京: 高等教育出版社, 2014.

[23] SCHNEIDER M, BÄUMLER M, LEE N M, et al. Monitoring co-cultures of *clostridium carboxidivorans* and *clostridium kluyveri* by flfluorescence in situ hybridization with specifific 23S rRNA oligonucleotide probes[J]. Systematic and Applied Microbiology, 2021, 44: 126271.

[24] ZHANG G B, YANG X H, ZHAO Z H, et al. Artificial consortium of three *E. coli* BL21 strains with synergistic functional modules for complete phenanthrene degradation[J]. ACS Synergistic Biology, 2022, 11 (1): 162-175.

[25] 刘刚, 徐慧, 谢学俭, 等. 大气环境监测[M]. 2版. 北京: 科学出版社, 2021.

[26] 邵益生, 宋兰合. 饮用水水质监测与预警技术[M]. 北京: 中国建筑工业出版社, 2018.

[27] 易树平, 方铖, 刘君全, 等. 地下水环境智慧监管技术集成与平台应用研究[J]. 中国环境监测, 2024, 40 (1): 45-52.

[28] 解光武, 刘军, 韩双来. 突发环境污染事件应急监测实用手册[M]. 北京: 中国环境出版集团, 2021.

[29] DONG F L, ZHU J N, LI J Z, et al. The occurrence, formation and transformation of disinfection byproducts in the water distribution system: a review[J]. Science of the Total Environment, 2023, 867: 161497.

[30] LAU S S, BOKENKAMP K, TECZA A, et al. Toxicological assessment of potable reuse and conventional drinking waters[J]. Nature Sustainability, 2023, 6: 39-46.

[31] KRONBERG L, HOLMBOM B, REUNANEN M. Identification and quantification of the Ames mutagenic compound 3-chloro-4-(dichloromethyl)-5-hydroxy-2(5H)-furanone and of its geometric isomer (E)-2-chloro-3-(dichloromethyl)-4-oxobutenoic acid in chlorine-treated humic water and drinking water extracts[J]. Environmental Science & Technology, 1988, 22: 1097-1103.

[32] KRONBERG L, CHRISTMAN R L, SINGH R, et al. Identification of oxidized and reduced forms of the strong bacterial mutagen (Z)-2-chloro-3-(dichloromethyl)-4-oxobutenoic acid (MX) in extracts of chlorine-treated water[J]. Environmental Science & Technology, 1991, 25: 99-104.

[33] PAN Y, ZHANG X R, LI Y. Identification, toxicity and control of iodinated disinfection byproducts in cooking with simulated chlor(am)inated tap water and iodized table salt[J]. Water Research, 2016, 88: 60-68.

[34] PAN Y, WANG Y, LI A M, et al. Detection, formation and occurrence of 13 new polar phenolic chlorinated and brominated disinfection byproducts in drinking water[J]. Water Research, 2017, 112: 129-136.

[35] ROMERO J, VENTURA F, Caixach J, et al. Identification and quantification of the mutagenic compound 3-chloro-4-(dichloromethyl)-5-hydroxy-2(5H)-furanone(MX)in chlorine-treated water[J]. Bulletin of Environmental Contamination and Toxicity, 1997, 59: 715-722.

[36] ROOK J J. Formation of haloforms during chlorination of natural water[J]. Acta Polytechnica, 2002, 42 (2): 234-243.

[37] YANG M T, ZHANG X R. Current trends in the analysis and identification of emerging disinfection byproducts[J]. Trends in Environmental Analytical Chemistry, 2016, 10: 24-34.

[38] YANG M T, ZHANG X R, LIANG Q H. Application of (LC/)MS/MS precursor ion scan for evaluating the occurrence, formation and control of polar halogenated DBPs in disinfected waters: a review [J]. Water Research, 2019, 158: 322-337.

[39] ZHAI H Y, ZHANG X R. Formation and decomposition of new and unknown polar brominated disinfection byproducts during chlorination[J]. Environmental Science & Technology, 2011, 45 (6): 2194-2201.

［40］ ZHAI H Y，ZHANG X R，ZHU X H. Formation of brominated disinfection byproducts during chloramination of drinking water：new polar species and overall kinetics［J］. Environmental Science & Technology，2014，48（5）：2579-2588.

［41］ ZHANG H F，ZHANG Y H，QUAN S，et al. Characterization of unknown brominated disinfection byproducts during chlorination using ultrahigh resolution mass spectrometry［J］. Environmental Science & Technology，2014，48（6）：3112-3119.

［42］ ZHANG X R，ECHIGO S，MINEAR R A，et al. Characterization and comparison of disinfection byproducts of four major disinfectants［J］. Acs Symposium，2000：761.

［43］ ZHANG X R，MINEAR R A，Characterization of high molecular weight disinfection byproducts resulting from chlorination of aquatic humic substances［J］. Environmental Science & Technology，2002，36：4033-4038.

［44］ ARAUJO C F，NOLASCO M M，RIBEIRO A M P，et al. Identification of microplastics using Raman spectroscopy：latest developments and future prospects［J］. Water Research，2018，142：426-440.

［45］ DUEMICHEN E，EISENTRAUT P，CELINA M，et al. Automated thermal extraction-desorption gas chromatography mass spectrometry：a multifunctional tool for comprehensive characterization of polymers and their degradation products［J］. Journal of Chromatography A，2019，1592：133-142.

［46］ HERNANDEZ L M，XU E G，LARSSON H C E，et al. Plastic teabags release billions of microparticles and nanoparticles into tea［J］. Environmental Science & Technology，2019，53（21）：12300-12310.

［47］ PAN Z，GUO H G，CHEN H Z，et al. Microplastics in the northwestern pacific：abundance，distribution，and characteristics［J］. Science of the Total Environment，2019，650：1913-1922.

［48］ PICÓ Y，BARCELÓ D. Pyrolysis gas chromatography-mass spectrometry in environmental analysis：focus on organic matter and microplastics［J］. TrAC Trends in Analytical Chemistry，2020，130：115964.

［49］ THOMPSON R C，OLSEN Y，MITCHELL R P，et al. Lost at sea：where is all the plastic?［J］. Science，2004，304（5672）：838.

［50］ UHEIDA A，MEJÍA H G，ABDEL-REHIM M，et al. Visible light photocatalytic degradation of polypropylene microplastics in a continuous water flow system［J］. Journal of Hazardous Materials，2021，406：124299.

［51］ WANG X J，BOLAN N，TSANG D C W，et al. A review of microplastics aggregation in aquatic environment：influence factors，analytical methods，and environmental implications［J］. Journal of Hazardous Materials，2021，402：123496.

［52］ FRIMER A A. The reaction of singlet oxygen with olefins：the question of mechanism［J］. Chemical Reviews，1979，79（5）：359-387.

［53］ FURMAN O S，TEEL A L，WATTS R J. Mechanism of base activation of persulfate［J］. Environmental Science & Technology，2010，44（16）：6423-6428.

［54］ GAO H Y，HUANG C H，MAO L，et al. First direct and unequivocal electron spin resonance spin-trapping evidence for pH-dependent production of hydroxyl radicals from sulfate radicals［J］. Environmental Science & Technology，2020，54（21）：14046-14056.

［55］ SCULLY F E，HOIGNÉ J. Rate constants for reactions of singlet oxygen with phenols and other compounds in water［J］. Chemosphere，1987，16（4）：681-694.

［56］ YUN E T，YOO H Y，BAE H，et al. Exploring the role of persulfate in the activation process：radical precursor versus electron acceptor［J］. Environmental Science & Technology，2017，51（17）：10090-10099.

［57］ ROLDAN CUENYA B，Behafarid F. Nanocatalysis：size-and shape-dependent chemisorption and catalytic reactivity［J］. Surface Science Reports，2015，70（2）：135-187.

[58] CHISLETT M，GUO J H，BOND P L，et al. Reactive nitrogen species from free nitrous acid（FNA）cause cell lysis[J]. Water Research，2022，217：118401.

[59] DU R，LIU Q T，LI C，et al. Spatiotemporal assembly and immigration of heterotrophic and anammox bacteria allow a robust synergy for high-rate nitrogen removal[J]. Environmental Science & Technology，2023，57（24）：9075-9085.

[60] HUANG S C，ZHANG B，ZHAO Z W，et al. Metagenomic analysis reveals the responses of microbial communities and nitrogen metabolic pathways to polystyrene micro（nano）plastics in activated sludge systems[J]. Water Research，2023，241：120161.

[61] HUG T，GUJER W，SIEGRIST H. Rapid quantification of bacteria in activated sludge using fluorescence in situ hybridization and epifluorescence microscopy[J]. Water Research，2005，39（16）：3837-3848.

[62] JIANG M，ZHENG X，CHEN Y G. Enhancement of denitrification performance with reduction of nitrite accumulation and N_2O emission by *Shewanella oneidensis* MR-1 in microbial denitrifying process[J]. Water Research，2020，169：115242.

[63] LIU J F，LIU T，CHEN S，et al. Enhancing anaerobic digestion in anaerobic integrated floating fixed-film activated sludge（An-IFFAS）system using novel electron mediator suspended biofilm carriers[J]. Water Research，2020，175：115697.

[64] PENG M W，YU X L，GUAN Y，et al. Underlying promotion mechanism of high concentration of silver nanoparticles on anammox process[J]. ACS Nano，2019，13（12）：14500-14510.

[65] SUN S Y，HOU Y N，HUANG，C，et al. Acute responses of bio-denitrification to short-term clopyralid exposure：kinetic analysis and biological mechanisms[J]. Chemical Engineering Journal，2023，457：141145.

[66] WANG Q，ZHAO Y X，CHEN Z H，et al. Nitrate bioreduction under Cr(VI) stress：crossroads of denitrification and dissimilatory nitrate reduction to ammonium[J]. Environmental Science & Technology，2023，57（29）：10662-10672.

[67] YOU G X，WANG C，HOU J，et al. Effects of zero valent iron on nitrate removal in anaerobic bioreactor with various carbon-to-nitrate ratios：bio-electrochemical properties，energy regulation strategies and biological response mechanisms[J]. Chemical Engineering Journal，2021，419：129646.

[68] CHIRANJEEVI P，PATIL S A. Strategies for improving the electroactivity and specific metabolic functionality of microorganisms for various microbial electrochemical technologies[J]. Biotechnology Advances，2020，39：107468.

[69] LOGAN B E，ROSSI R，RAGAB A，et al. Electroactive microorganisms in bioelectrochemical systems[J]. Nature Reviews Microbiology，2019，17（5）：307-319.

[70] 张翔宇. 污泥微生物电解池中抗生素降解机理和抗性基因分布研究[D]. 天津：天津大学，2021.

[71] LEE J Y，PARK J H，PARK H D. Effects of an applied voltage on direct interspecies electron transfer via conductive materials for methane production[J]. Waste Management，2017，68：165-172.